수진이네
반찬

간단한데 맛있다. **수진이네 반찬**

1판 1쇄 발행 2020년 6월 10일

지은이 김수진
펴낸이 김선숙, 이돈희
펴낸곳 그리고책(주식회사 이밥차)

주소 서울시 서대문구 연희로 192(연희동 76–22, 이밥차 빌딩)
대표전화 02-717-5486~7
팩스 02-717-5427
홈페이지 www.andbooks.co.kr
출판등록 2003년 4월 4일 제10-2621호

본부장 이정순
편집 책임 박은식
편집 진행 홍상현, 하경현
마케팅 백수진
영업 이교준
경영지원 문석현

포토 디렉터 박형주
푸드 스타일링 김선주
요리 어시스트 이혜원, 임지연, 강유경
디자인 이성희
교열 김혜정

ⓒ2020 김수진
ISBN 979-11-970213-0-5 13590

간단한데
맛있다!

수진이네
반찬

김수진 | 지음

그리고책
andbooks

-Prologue-

이번 요리책을 쓰는 동안 많은 시간 시어머니를 떠올렸다. 내 첫 요리 스승이자 나를 요리의 길로
이끄는 원동력이 되어주신 어머니께 배웠던 음식들을 돌이켜보며 나의 혹독했던 시집살이도 내내
회자되었다. 이른 나이에 직장생활을 시작하고 이듬해 결혼을 하게되어 요리에 자신이 없었던 내게
밥상을 맡기시는 것이 영 못마땅하셨던 시어머니는 어느 날 부르시더니 "네가 할줄 아는 음식들
이 무엇이냐" 하고 물으셨다. 음식에 대한 지식도 없었을뿐 아니라 나는 부산 토박이여서
대대손손 서울 토박이인 시가의 서울식 밥상에 간을 맞추는 것은 더더욱 어려웠다. 시어머니는
꽤 긴 시간 동안 나에게 전통 의례음식, 서울·경기 음식, 절기별 음식에 대해 당신이 아는 모든 것을
세세하게 가르쳐 주셨다.

호되게 혼나기도 했고 눈물 쏙 빼는 시간도 수두룩했으며 주부습진에 걸려 매일 밤 힘든 나날을
보내기를 수년. 어머니가 말씀하시는 것을 하나라도 놓칠세라 철저하게 메모하고 기록했다.
그런 세월이 흘러 어느새 스스로 절기별로 절기 음식을 만들고, 장을 담그고 하는 모습들을 본
어머니께서 하루는 내 손을 잡으시며 미안하고 고맙다는 말씀을 하셨다. '드디어 내가 인정받았구나'
하는 생각에 그간의 힘들었던 시간이 주마등같이 지나가며 눈물이 주르륵 흘렀다.

내 인생의 터닝 포인트, 요리를 본격적으로 해봐야겠다고 다짐한 건 이때부터인 듯싶다.
아이들이 성장해가며 조금씩 시간 여유가 생기면서 제철 식재료를 이용한 반찬들을 많이
만들어보기 시작했다. 철마다 나오는 다양한 나물, 채소, 식재료 등을 활용하여 건강한 반찬들을
밥상에 올리면서 가족의 면역력도 키우고 내 요리 공부도 할 수 있는 소중한 시간이었다.
지역별로 음식의 맛이 얼마나 다른지 몸소 체험하며 살아온 터라 제철 식재료를 마주할 때마다
재료별 다양한 맛과 요리법을 탐구했다. 그때부터 기록한 수많은 반찬과 요리연구가로 활동하며
수업과 컨설팅에서 선보인 메뉴들 중에서 고심하며 취합해 이번 책을 출판하게 되었다.

만들기 쉽다고 생각하는 반찬이 가장 만들기 어려운 음식일 수 있다는 생각에 언젠가 반찬 책을
꼭 쓰고 싶었다. 또한 반찬이 주요리로도 얼마든지 구성될 수 있다는 것을 알리고 싶었다.
약 1년 동안 수차례 요리 테스트를 거치며 반영하여 만든 책이라 더욱 감회가 새롭고 뿌듯하다.

이 책을 출판할 수 있도록 큰 힘이 되어준 사랑하는 이밥차 식구들과 늘 옆에서 따가운
비평을 일삼으며 가장 많은 잔소리를 하지만 절대적인 힘의 원천인 딸 이혜원과 레서피 연구에
함께 힘써준 임지연, 강유경 선생에게도 고마움을 전한다. 마지막으로 늘 친정 언니처럼 묵묵히
응원하며 좋은 식재료를 조달해주시는 합천한과 배숙희 선생님께도 감사를 드린다.

-Contents-

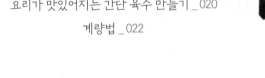

Part:3 무침

Part:4 조림, 찜

Part:5 볶음, 구이

Part:6 전, 튀김

Part:7 김치, 장아찌

Part 1

특별한
요리 비법

Start

(기본양념 소개)

한식요리에서 빼놓을 수 없는 기본양념을 소개할게요.
맛이나 숙성에서 약간씩 차이가 있는 재료의 쓰임새를 확실히 안다면 요리가 더 맛있어지겠죠?

조선간장
탈지대두와 소맥을 이용하는 일본식 간장 제조방식으로 만들어지는 진간장, 양조간장과는 달리 100% 콩과 소금만을 이용하여 한국 전통방식으로 만드는 간장을 조선간장이라고 해요. 염도가 높고 색깔이 엷어서 음식 본래의 색을 유지하면서 국물 요리나 무침 요리에 간을 맞출 수 있게 해줘요.

양조간장
양조간장은 탈지대두와 소맥을 사용하여 장시간 발효, 숙성시켜 만드는 간장으로 장기간 발효하는 과정에서 형성되는 맛과 향이 풍부해요. 양조간장은 진간장처럼 써도 무방하나 부침개를 찍어 먹거나 회를 먹을 때처럼 생으로 먹는 요리에 더욱 좋아요.

진간장
진간장은 아미노산의 시간적, 영양학적 손실을 최소화하기 때문에 감칠맛이 뛰어나고 열을 가해도 맛이 잘 변하지 않는 특성이 있어요. 그래서 볶음이나 찜처럼 음식에 열을 가해야 하는 경우에 진간장을 쓰는 것이 좋아요.

맛간장
맛간장은 파, 양파, 마늘, 다시마, 사과, 배 등 10가지 갖은 양념과 과일을 달여 요리의 풍미를 살려주는 조림·볶음용 간장이에요.

저염간장
저염간장은 기존 간장보다 염도는 25% 정도 낮추고, 현대인들에게 부족하기 쉬운 미네랄을 보충한 웰빙간장이에요. 염도를 낮춰 자극적이지 않고 맛이 부드러워 염도조절이 필요한 식단에 좋으며 일반간장과 동일한 양으로 사용하면 돼요.

재래식 된장
콩으로 빚은 메주를 띄워 오랫동안 숙성, 발효시킨 것으로 특유의 구수함과 담백한 맛이 특징이며 찌개, 국, 부침 등에 사용해요.

쌈장
된장에 고춧가루, 고추장, 다진 파, 다진 마늘, 매실청 등 갖은 양념을 하여 만든 장이에요. 멸칫가루나 새우가루를 넣어 양념하여도 좋아요. 채소쌈이나 생선회에 곁들여도 좋아요.

재래고추장
고운 고춧가루에 끓인 찹쌀풀과 엿기름물, 메주가루, 천일염을 넣고 잘 혼합하여 숙성, 발효시킨 장이에요. 찌개나 비빔장, 무침 등에 사용해요.

청양고추장
청양고춧가루로 담근 고추장으로 매콤하고 칼칼한 맛이 특징이에요. 매콤한 해물찜이나 매운탕과 볶음 등의 매운 요리에 사용해요.

고운 고춧가루
고추장, 양념장, 물김치, 국·찌개류 등 고운 색을 내야 할 때 주로 사용해요.

굵은 고춧가루
김치를 담글 때나 양념장 등에 사용해요.

청양고춧가루
매운 고춧가루로써 김치, 양념장, 국·찌개류 등에 사용해요.

중간 굵기 고춧가루
김치와 깍두기, 반찬, 국·찌개류 등 다양하게 사용해요.

감식초
감을 숙성시켜 만든 식초. 우유에 타 먹거나 샐러드드레싱, 겉절이 등의 무침요리에 넣어 사용하기 적합하며 상하기 쉬우므로 냉장 보관해요.

2배식초
2배식초는 산도가 13~14%로 신맛이 일반 식초의 2배 정도 강한 식초이다. 새콤한 맛이 강해야 하는 요리에 주로 사용해요.

현미식초
현미를 주재료로 만든 식초. 어느 요리에나 다양하게 쓰이며 장아찌 등 절임요리에 적합해요.

사과식초
사과과즙으로 사과주를 만들어 초산 발효시킨 식초에요. 모든 요리에 쓸 수 있지만 사과향이 있기 때문에 채소요리 및 샐러드드레싱, 상큼한 무침요리에 잘 어울려요.

참기름
참깨를 볶아 짜서 만든 기름으로써 진유라고도 한다. 고소한 맛이 나며 강한 향 때문에 소량만 넣어도 음식의 풍미가 살아나요. 무침, 조림, 찜 등에 사용해요.

들기름
들깨를 볶아 짜서 만든 기름으로 불포화 지방산이 풍부하여 공기 중에 산화되기 쉽기 때문에 냉장 보관하는 것이 좋아요. 무침, 조림, 소스등에 사용해요.

산초기름
산초열매를 볶아 짜서 만든 기름으로 특유의 초록빛을 띠며 향이 매우 강하고 약간의 매운맛이 특징이에요. 추어탕이나 생선회의 비린 맛을 없애주고 두부부침, 볶음요리에 사용하기도 해요.

땅콩기름
알이 작은 땅콩을 볶아 짜서 만든 기름으로 고소하며 독특한 풍미가 있으며 비타민 E가 풍부해 노화방지에 효과적이에요. 샐러드드레싱이나 튀김, 조림, 볶음에 사용해요.

호박씨기름
호박씨를 볶아 짜서 만든 기름으로 호박씨기름에는 마그네슘, 칼슘, 철분, 비타민 B 등이 풍부해요. 샐러드드레싱이나 생선요리, 조림, 볶음에 사용해요.

두루두루 쓰이는 양념장 만들기

정말 두루두루 쓰일 수 있는 만능 양념장을 소개할게요.
시간 날 때 만들어놓으면 요리할 때 정말 편하답니다. 요리 맛이 한층 풍부해지는 건 당연하고요!

맛간장

- 재료 진간장 (500cc=2.5컵), 올리고당($\frac{1}{2}$컵), 무($\frac{1}{2}$토막=100g), 양파($\frac{1}{2}$개=100g), 마늘(15쪽), 통생강(5g), 통후추(10알), 물(1컵)

- 만드는 법 냄비에 재료를 모두 넣은 다음 끓어오르면 중간 불에서 10분, 약한 불에서 10분 정도 끓인 후 식혀 면포에 걸러 밀폐용기에 담아 냉장 보관하여 사용해요.

- 보관법 냉장 보관 시 2달 이상 사용 가능해요.

- 용도 볶음, 조림, 찜, 무침 등에 사용해요.

다시마간장

- 재료 양조간장(500cc=2.5컵), 물($\frac{1}{2}$컵), 다시마(가로 10cm×세로 20cm, 1장)

- 만드는 법 양조간장에 물을 붓고 중간 불에서 끓어오르면 약한 불로 낮춘 뒤 깨끗이 닦은 다시마를 넣고 10분 정도 둔 후 불을 끄고 간장물이 식으면 면포에 거른 후 밀폐 용기에 담아 냉장 보관하여 사용해요.

- 보관법 냉장 보관 시 2달 이상 사용 가능해요.

- 용도 국, 볶음, 조림, 장아찌 등에 사용해요.

고추장

- 재료 고추장(1컵), 올리고당(2), 매실청(1), 고운 고춧가루 1컵, 마늘즙(3), 양파즙($\frac{1}{2}$컵), 소고기 육수 (1컵)

- 만드는 법 재료를 모두 혼합하여 오목한 팬에 넣어 중간 불에서 나무 주걱으로 저어가며 기포가 생기면 약한 불에서 수분이 스며들어 윤기가 날 정도로 약 10분간 저어 준 후 불을 끄세요. 식으면 밀폐용기에 담아 냉장 보관하여 사용해요.

- 보관법 냉장 보관 시 2달 이싱 사용 가능헤요.

- 용도 찌개, 무침, 볶음, 조림 등에 사용해요.

된장

- 재료 재래식 된장(1컵), 고운 고춧가루(1), 마늘즙(3), 청양고추즙($\frac{1}{4}$컵), 다시마물(1컵), 양파즙(2)

- 만드는 법 재료를 모두 혼합하여 오목한 팬에 넣어 중간 불에서 나무 주걱으로 저어가며 기포가 생기면 약한 불에서 수분이 스며들어 윤기가 날 정도로 약 20분간 저어 불을 끄세요. 식으면 밀폐 용기에 담아 냉장 보관하여 사용해요.

- 보관법 냉장 보관 시 2달 이상 사용 가능해요.

- 용도 강된장, 찌개, 무침, 국 등에 사용해요.

쌈장

- 🥄 재료 재래식 된장($\frac{1}{2}$컵), 고춧가루(1), 고추장(1), 다진 마늘(1), 다진 청양고추(1), 다진 파(1), 다시마물(3), 매실청(1), 다진 견과류(1)
- 🥄 만드는 법 재료를 모두 혼합하여 밀폐 용기에 담아 냉장 보관하여 사용해요.
- 🥄 보관법 냉장 보관 시 7~10일 정도 사용 가능해요.
- 🥄 용도 고기, 쌈, 채소 등에 곁들여 사용해요.

약고추장

- 🥄 재료 고추장(300g), 다진쇠고기(70g), 간장(1), 설탕(1), 후추(0.3), 물(1컵), 참기름(0.5), 꿀(3), 잣(1)
- 🥄 만드는 법 다짐육은 양념하여 팬에 넣어 중간 불에서 볶다가 고추장과 물을 넣고 어우러지도록 볶으세요. 수분이 스며들고 기포가 전체에 골고루 생기면 참기름과 꿀, 잣을 넣고 윤기가 나면 불을 끄세요.
- 🥄 보관법 밀폐용기에 담아 냉장 보관하며 한 달 정도 보관 가능해요.
- 🥄 용도 비빔밥, 볶음요리, 쌈 등에 사용해요.
- 🥄 주의사항 고기를 먼저 볶은 다음 나머지 양념을 넣어주세요.

매실청

- 🥄 재료 황청매실(3kg), 황설탕(3kg), 소금(1)
- 🥄 만드는 법 ❶ 황청매실은 깨끗이 씻어 물기를 뺀 다음 수분을 완전히 말리고, ❷ 볼에 매실과 동량의 설탕을 넣고 골고루 섞어 하루 정도 재워 설탕이 녹으면 병에 담고 윗부분에 공기가 통하지 않도록 밀봉하고, ❸ 약 100일이 지난 후 매실을 건져 체에 거른 다음 청만 병에 넣고 밀봉하여 1년 정도 둔 후 사용해요.
- 🥄 보관법 유리병이나 페트병에 담아 냉장보관하여 사용하세요. 장기보관이 가능해요.
- 🥄 용도 무침요리나 찜요리, 샐러드소스에 설탕 대신 매실청을 사용하면 맛이 한층 깔끔해져요. 장아찌나 김치에 넣어 사용하기도 해요.
- 🥄 주의사항 청매실은 꼭지 부분을 깨끗하게 손질해야 돼요.

겨자잣소스

- 🥄 재료 잣가루(3), 파인애플즙(2), 식초(2), 연겨자(1), 꿀(1), 소금(0.3)
- 🥄 만드는 법 잣을 곱게 갈아준 후 모든 재료들이 잘 섞이도록 저어주세요.
- 🥄 보관법 3일 정도 냉장 보관할 수 있어요.
- 🥄 용도 육류요리나 냉채요리에 곁들이면 더욱 풍미를 느낄 수 있어요.
- 🥄 주의사항 연겨자가 뭉칠 수 있으니 잘 저어 풀어줘야 해요.

고추기름

- 🥄 재료 마른 고추 (10g= 5개 정도), 대파(10cm), 생강(10g), 식용유(500㎖=$2\frac{1}{2}$컵)
- 🥄 만드는 법 식용유를 팬에 붓고 중간 불에서 따뜻하게 데운 다음 대파와 생강, 반으로 자른 마른 고추를 넣고 약한 불에서 5분 정도 둔 다음 불을 끄고 1시간 정도 후에 면포에 걸러주세요.
- 🥄 보관법 유리병에 담아 뚜껑을 닫고 냉장 보관하여 사용해요.
- 🥄 용도 육개장이나 매콤한 볶음요리, 중국식 탕류에 어울려요.
- 🥄 주의사항 마른 고추나 기타 향신재료가 타지 않도록 온도 조절에 유의해요.

양파청

- 🥄 재료 양파(5kg=20개 정도), 황설탕(5kg), 소금(천일염, $\frac{1}{2}$컵)
- 🥄 만드는 법 ❶ 양파는 껍질을 벗겨 깨끗이 씻어 표면의 물기를 완전히 닦아 반으로 자르고, 굵게 썰어 하루 정도 두고, ❷ 황설탕 5kg과 소금을 양파에 넣고 잘 섞어준 다음 하루 정도 둔 후 설탕이 녹으면 소독한 병에 담고 남은 설탕을 위에 올려 완전히 밀봉하고, ❸ 100일이 지나 건더기는 건진 후 체에 밭쳐 원액만 병에 담아 밀봉하여 1년 정도 지난 후부터 드세요.
- 🥄 보관법 밀폐용기에 담아 냉장 보관해요.
- 🥄 용도 고기 양념장, 소스, 조림 등에 사용해요.
- 🥄 주의사항 양파의 겉 표면의 물기를 완전히 없애줘야 해요.

tip 거르고 남은 양파 건더기는 양파잼을 만들어도 좋아요.

요리가 쉬워지는 **간단 즙 만들기**

맛을 한층 업그레이드해주는 즙을 만들어보세요.
재료 그대로의 즙이니 건강에도 좋겠죠? 만들기도 간단하면서 설탕이나 조미료는 덜 쓸 수 있답니다.

생강즙

- **재료** 생강 100g, 물 1컵
- **만드는 법** 손질한 생강에 물을 넣고 블렌더로 곱게 갈아
  면포에 꼭 짜서 즙만 사용해요.
- **보관법** 2주 이내는 냉장, 그 이상은 냉동 보관해요.
- **용도** 육류요리, 가금류요리, 생선요리, 김치류에 사용해요.
- **주의사항** 사용 시 생강이 가라앉기 때문에 흔들어서 사용하도록 해요.

tip 즙을 짜고 남은 생강은 버리지 말고 육수 낼 때나
잡냄새를 제거할 때 사용해도 좋아요.

사과즙

- **재료** 사과 200g
- **만드는 법** 사과는 껍질을 벗기고 씨부분을 도려내어
  블렌더로 곱게 갈아요.
- **보관법** 사과즙은 갈변되므로 즉시 사용하는것이 좋아요.
  팩포장하여 냉동보관 해요.
- **용도** 샐러드 소스나 육류요리에 사용해요.

마늘즙

- **재료** 마늘 200g, 물 1컵
- **만드는 법** 꼭지를 제거한 마늘에 물을 넣고 블렌더로 곱게 갈아준 다음 면포에 꼭 짜서 즙만 사용해요.
- **보관법** 2주 이내는 냉장, 그 이상은 냉동 보관해요.
- **용도** 육류요리, 가금류요리, 생선요리, 김치류, 소스 등 다양하게 사용해요.

tip 즙을 짜고 남은 마늘은 버리지 말고 육수 낼 때나 잡냄새를 제거할 때 사용해도 좋아요.

양파즙

🥄 <u>재료</u> 양파 1개 = 200g

🥄 <u>만드는 법</u> 양파를 블렌더로 곱게 갈아요.

🥄 <u>보관법</u> 2주 이내는 냉장, 그 이상은 냉동 보관해요.

🥄 <u>용도</u> 샐러드 드레싱, 육류요리, 생선요리, 김치류 등에 사용해요.

파인애플즙

🥄 <u>재료</u> 파인애플 200g

🥄 <u>만드는 법</u> 파인애플을 블렌더로 곱게 갈아요.

🥄 <u>보관법</u> 2주 이내는 냉장, 그 이상은 냉동 보관해요.

🥄 <u>용도</u> 육류요리, 김치류 소스류 등에 사용해요.

배즙

🥄 <u>재료</u> 배 200g

🥄 <u>만드는 법</u> 배는 껍질을 벗기고 씨 부분을 도려내어 블렌더로 곱게 갈아요.

🥄 <u>보관법</u> 1주 이내는 냉장, 그 이상은 냉동 보관해요.

🥄 <u>용도</u> 육류요리, 김치류, 소스류 등에 사용해요.

요리가 맛있어지는 간단 육수 만들기

국물요리의 핵심은 바로 육수에 있어요. 저만의 비법육수 네 가지를 소개할 테니
각각의 재료와 어울리는 육수를 만들어 넣어보세요. 한결 깊은 맛을 느낄 수 있답니다.

황태육수

🍶 재료 황태머리 100g, 대파 10cm, 마늘 5쪽, 무 $\frac{1}{2}$개=100g, 물 3ℓ

🍶 만드는 법

❶ 황태머리는 흐르는 물에
재빨리 씻고,

❷ 물 3ℓ에 무와 대파, 통마늘을
넣어 중간 불에서 20분 정도
끓이고 황태머리를 넣어 중간
불에서 5분, 약한 불에서 5분
정도 더 끓이고,

❸ 체로 건더기를 건져 식히고
면포에 걸러서 마무리.

조개육수

🍶 재료 조개 400g, 물 3ℓ

🍶 만드는 법

❶ 조개는 옅은 소금물(물 1ℓ,
소금 1작은술)에 담가 30분
정도 해감한 뒤 깨끗이 씻고,

❷ 냄비에 물과 조개를 넣고 조개가
입을 벌릴 때까지 끓이고,

❸ 불을 끄고 식혀 면포에 걸러서
마무리.

멸치다시마육수

🥄 재료 국물용 멸치 50g, 다시마 20g, 무 $\frac{1}{2}$토막 = 100g, 대파 뿌리째 1대, 물 3ℓ

🥄 만드는 법

❶ 멸치의 내장을 제거하고 다시마와 함께 마른 수건으로 깨끗이 닦고,

❷ 달군 팬에 멸치를 노릇노릇하게 볶고,

❸ 물 3ℓ에 무를 넣어 센 불에서 20분 정도 끓이다가 볶아놓은 멸치를 넣어 중간 불에서 10분 정도 끓이고,

❹ 10분이 지나면 멸치와 무는 건져내고 다시마를 넣어 1시간 정도 둔 후 면포에 걸러서 마무리.

양지육수

🥄 재료 소고기(양지 혹은 아롱사태) 600g, 물 5ℓ, 향신재료(대파 뿌리째 1대, 양파 200g, 무 $\frac{1}{2}$토막=100g, 마늘 5쪽, 생강 10g, 국간장 $\frac{1}{2}$컵)

🥄 만드는 법

❶ 소고기는 찬물에 10분 정도 두어 핏물을 제거하고,

❷ 냄비에 핏물을 뺀 소고기와 잠길 정도의 물을 붓고, 센 불에서 물이 끓으면 불을 끈 후 고기를 건져 찬물에 깨끗이 씻고,

❸ 물 3ℓ에 소고기, 무, 대파, 양파, 마늘, 생강을 넣고 중간 불에서 30분 정도 끓이다가 소고기만 남기고 부재료는 체로 건져내고,

❹ 물 2ℓ를 더 붓고 중간 불에서 30분, 국간장 $\frac{1}{4}$컵을 넣고 약한 불에서 20분 정도 끓여 소고기는 건져내고 국물을 식힌 후 면포에 걸러서 마무리.

계량법

-- 밥숟가락으로 쉽게 계량하기 --

가루 분량 재기

설탕(1)

숟가락으로 수북이 떠서 위로 볼록하게 올라오도록 담아요.

설탕(0.5)

숟가락의 절반 정도만 볼록하게 담아요.

설탕(0.3)

숟가락의 $\frac{1}{3}$정도만 볼록하게 담아요.

다진 재료 분량 재기

다진 마늘(1)

숟가락으로 수북이 떠서 꼭꼭 담아요.

다진 마늘(0.5)

숟가락의 절반 정도만 꼭꼭 담아요.

다진 마늘(0.3)

숟가락의 $\frac{1}{3}$정도만 꼭꼭 담아요.

장류 분량 재기

고추장(1)

숟가락으로 가득 떠서 위로 볼록하게 올라오도록 담아요.

고추장(0.5)

숟가락의 절반 정도만 볼록하게 담아요.

고추장(0.3)

숟가락의 $\frac{1}{3}$정도만 볼록하게 담아요.

액체 분량 재기

간장(1)

숟가락 한가득 찰랑거리게 담아요.

간장(0.5)

숟가락의 가장자리가 보이도록 절반 정도만 담아요.

간장(0.3)

숟가락의 $\frac{1}{3}$정도만 담아요.

손으로 분량 재기

콩나물(1줌)
손으로 자연스럽게 한가득 쥐어요.

시금치(1줌)
손으로 자연스럽게 한가득 쥐어요.

국수(1줌=1인분)
500원 동전 굵기로 가볍게 쥐어요.

종이컵으로 분량 재기

육수
(1컵=180㎖)
종이컵에 가득
담아요.

육수
(1컵=90㎖)
종이컵의 절반만
담아요.

밀가루
(1컵=100g)
종이컵에 가득 담아
윗면을 깎아요.

다진 양파
(1컵=110g)
종이컵에 가득 담아
윗면을 깎아요.

아몬드($\frac{1}{2}$컵)
종이컵의 절반만
담아요.

멸치(1컵)
종이컵에 가득
담아요.

눈대중으로 분량 재기

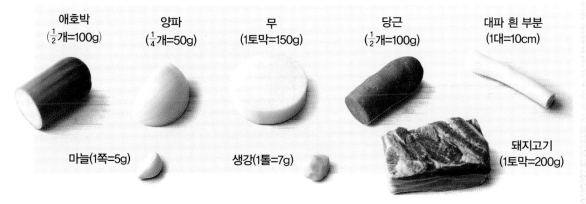

애호박
($\frac{1}{2}$개=100g)

양파
($\frac{1}{4}$개=50g)

무
(1토막=150g)

당근
($\frac{1}{2}$개=100g)

대파 흰 부분
(1대=10cm)

마늘(1쪽=5g)

생강(1톨=7g)

돼지고기
(1토막=200g)

'+'표시의 의미
양념장, 소스, 드레싱
음식을 만들기 전에 미리 섞어 놓으면 좋아요. 미리 섞어두면 숙성되면서 맛이 어우러져 더 깊은 맛을 내거든요.

그 외
약간은 소금, 후춧가루 등을 엄지와 검지로 살짝 집은 정도를 말해요.
필수 재료는 음식을 만들기 위해서 꼭 필요한 재료예요.
선택 재료는 있으면 좋지만 기본적인 맛을 내는 데는 크게 영향을 끼치지 않는 재료예요.
양념 다진 마늘, 간장, 고추장, 설탕 등 맛을 내기 위해 쓰이는 재료예요.

Part 2

샐러드

Start

버섯 샐러드

새송이, 양송이, 느타리버섯이 골고루 들어간 버섯 샐러드
예요. 참깨 소스로 고소함까지 더했어요.

- 🥄 필수재료 새송이버섯($\frac{1}{2}$개), 양송이버섯(4개), 느타리버섯(50g), 방울토마토(4개), 시과($\frac{1}{4}$개), 어린잎채소(약간)
- 🥄 밑간 올리브유(2), 소금(약간), 백후춧가루(약간)
- 🥄 단촛물 물(2.5컵) + 설탕(1) + 식초(1) 혹은 매실청 1숟가락
- 🥄 참깨 소스 매실청(3) + 곱게 간 깨소금(2) + 레몬즙(2) + 땅콩버터(1) + 참기름(0.5) + 맛간장(0.5)

만들어보세요

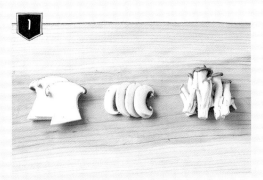

새송이버섯, 양송이버섯은 모양대로 얇게 썰고,
느타리버섯은 가닥가닥 떼고,

손질한 버섯은 밑간하여 팬에 구운 뒤 차게 하고,

> 어린잎채소는
> 물에 오래 담가두면 무르기
> 쉬우므로 흐르는 물에 재빨리
> 씻어주세요!

어린잎채소는 흐르는 물에 재빨리 씻은 뒤 단촛물에
1분 정도 담갔다가 체에 밭쳐 물기를 빼고,

방울토마토는 꼭지를 떼어내어 반으로 자르고,

참깨 소스를 만들고,

> 참깨 소스 외에도
> 들깨 소스, 과일 소스,
> 간장 소스 등과도
> 잘 어울려요!

구운 버섯과 사과, 방울토마토를 그릇에 담고
참깨 소스를 뿌린 뒤 어린잎채소를 올려 마무리.

연근 샐러드

연근을 가볍게 삶아 아삭아삭한 식감이 좋아요.
연근 싫어하는 아이들도 쉽게 먹을 수 있어요.

♟ **필수재료** 연근(100g), 오이(40g), 양상추(30g), 방울토마토(3개), 검은깨(약간)

♟ **유자청 들깨 소스** 들깻가루(3) + 유자청(2) + 식초(2) + 간 배(2) + 소금(약간)

♟ **양념** 소금(0.3)

만들어보세요

1

> 연근을 종잇장처럼 얇게 썰어 팬에 살짝 구워도 좋아요.

연근은 껍질을 벗기고 모양대로 얇게 썰어 씻은 뒤, 끓는 물에 소금(0.3)을 넣어 3분 동안 삶아 찬물에 헹구고,

2

방울토마토는 꼭지를 떼 반으로 가르고, 양상추는 먹기 좋은 크기로 뜯고,

3

오이는 어슷 썰고, 찬물에 헹궈 체에 밭쳐 물기를 빼고,

4

유자청 들깨 소스를 만들고,

5

연근, 방울토마토, 오이, 양상추를 소스와 버무리고 검은깨를 뿌려 마무리.

요리 tip 단촛물(물 2.5컵 + 설탕 1 + 식초 1)에 양상추와 오이를 1분 정도 담갔다가 체에 밭쳐 물기를 뺀 뒤 사용하세요.

불고기 김치 샐러드

불고기와 김치를 더하니 더욱 맛있어요. 유자청 소스의
상큼한 맛과 아주 잘 어울린답니다.

🥄 **필수재료** 소고기(목심, 100g), 신김치(100g), 오이(50g), 양상추(30g), 통조림 파인애플(2쪽), 토마토($\frac{1}{2}$개)

🥄 **소고기 밑간** 맛간장(2), 맛술(2), 간 배(1), 다진 마늘(0.5), 후춧가루(약간)

🥄 **신김치 밑간** 설탕(0.5), 참기름(0.5), 후춧가루(약간)

🥄 **유자청 소스** 레몬즙(3) + 유자청(2) + 곱게 간 파인애플(2) + 연겨자(0.3) + 꿀(0.3) + 풋고추($\frac{1}{2}$개) + 홍고추($\frac{1}{2}$개) + 백후춧가루(약간)

🥄 **양념** 맛기름(1)

────────────────────────────── 만들어보세요

1

> 소고기를 불고기용으로 사용할 경우 기름기는 꼭 제거하세요.

소고기는 얇게 썰어 키친타월로 핏물을 제거한 뒤 소고기 밑간하여 10분 정도 두고,

2

밑간한 소고기를 센 불에 재빨리 볶아 식히고,

3

> 양상추는 깨끗이 씻어 체에 밭쳐 물기를 뺀 후 사용하세요.

양상추는 손으로 찢어 단촛물에 1분 정도 담갔다 체에 밭쳐 물기를 빼고, 오이와 토마토는 모양대로 썰고, 홍고추와 풋고추는 다지고,

4

파인애플은 모양대로 팬에 구워 6등분하고,

5

신김치는 먹기 좋은 크기로 썰어 물기를 꽉 짜고 신김치 밑간한 뒤, 팬에 맛기름을 둘러 센 불에 재빨리 볶아 식히고,

6

> 유자청 대신 매실청, 오미자청, 복분자청 등을 사용해도 좋아요.

유자청 소스를 만들고, 그릇에 준비한 재료를 보기 좋게 담고 소스를 뿌려 마무리.

요리 tip 단촛물(물2.5컵 + 설탕 1 + 식초 1)

수진이네
반찬*

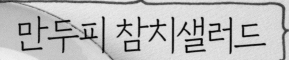

만두피 참치샐러드

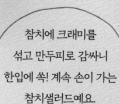

참치에 크래미를
섞고 만두피로 감싸니
한입에 쏙! 계속 손이 가는
참치샐러드예요.

032

2인분

🥄 **필수재료** 통조림 참치(1캔=150g), 크래미(2개), 만두피(8장)

🥄 **참치소** 피망(녹색, 붉은색 $\frac{1}{8}$개씩) + 사과($\frac{1}{4}$개) + 삶은 달걀(1개) + 마요네즈(3) + 올리고당(1) + 백후춧가루(약간)

> 셀러리 혹은 오이를 잘게 다져 넣으면
> 아삭한 식감을 느낄 수 있어요.

만들어보세요

1

통조림 참치는 체에 밭쳐 기름기를 빼고, 크래미는
잘게 찢어 참치와 섞고,

2

만두피의 끝을
살짝 눌러 꽃모양을
만들어 주세요.

모양틀에 기름을
살짝 바르면 만두피가 틀에
달라붙지 않아요.

만두피는 모양을 잡아가며 모양틀에 담아 180℃로
예열한 오븐에서 5분 정도 굽고,

3

피망과 사과는 곱게 다지고, 삶은 달걀의 흰자는
곱게 다지고, 노른자는 으깨고,

4

참치소 재료를 모두 섞은 뒤 참치와 크래미에 넣어
가볍게 버무리고,

5

식빵이나 크루아상에
곁들여 먹으면 한 끼 식사로도
손색없어요.

구운 만두피 안에 참치소를 한 숟가락 떠 넣어 마무리.

석화샐러드

석화의 비린 맛을 싫어하는 분들도 유자청 소스를 더하면
쉽게 먹을 수 있어요. 굴껍질을 곁들여 상큼함까지 더한
석화샐러드로 건강한 한 끼 어떠세요?

- 🥄 **필수재료** 석화(8개), 무순(약간)
- 🥄 **밑간** 맛술(2), 백후춧가루(약간)
- 🥄 **유자청 소스** 레몬즙(1) + 유자청(1) + 귤 혹은 오렌지즙(2) + 다진 홍고추(약간)
- 🥄 **열은 소금물** 물(4컵) + 소금(1)

석화는 껍질에서 떼어 열은 소금물에 재빨리 씻어 체에 밭쳐 물기를 빼고,

밑간을 한 뒤 껍질에 담고,

새싹 채소는 손질하고, 귤은 깨끗이 씻어 껍질 부분만 제스터로 긁어 내고,

유자청 소스를 만들고,

석화에 유자청 소스를 뿌려 마무리.

요리 tip 신선한 석화는 색이 둔탁하지 않고 선명해야하며 손으로 살짝 눌렀을 때 살이 단단해야 해요. 석화에 남은 뻘이 있을까 걱정될 때는 무를 갈아 즙에 재워두면 무즙이 오물을 흡수한답니다.

수진이네
반찬*

더덕 잣즙 냉채

쓴맛 없이 더덕 즐기는 법, 궁금하셨죠. 파인애플, 꿀,
흑임자 가루를 곁들인 잣즙 소스만 있으면 간편하고
빠르게 더덕 샐러드를 만들 수 있어요.

036

- 필수재료 깐 더덕(200g), 검은 깨(약간)
- <u>잣즙 소스</u> 잣가루(5) + 간 배(3) + 간 파인애플(2) + 흑임자가루(1) + 꿀(0.3) + 소금(약간)

만들어보세요.

깐 더덕은 반으로 잘라 방망이로 살살 두들겨
먹기 좋게 결대로 찢고,

잣즙 소스를 만들고,

잣즙 소스에 더덕을 넣어 살살 버무린 뒤 검은깨를
넣어 마무리.

브로콜리 명란젓 샐러드

브로콜리 샐러드에
짭조름한 명란젓과 삶은
메추리알을 넣어 더욱 풍성한
식감과 풍미를 살렸답니다.

🥄 **필수재료** 브로콜리(200g), 명란젓(중간 크기 1개=70g), 삶은 메추리알(4알), 붉은 파프리카($\frac{1}{4}$개)

🥄 **소스** 참기름(1) + 올리브유(1) + 꿀(0.3) + 맛술(0.3) + 백후춧가루(약간)

🥄 **양념** 소금(0.5)

⸺⸺⸺⸺⸺⸺⸺⸺⸺⸺⸺⸺⸺⸺⸺⸺⸺⸺⸺⸺⸺ 만들어보세요

브로콜리는 밑동을 제거한 후 먹기 좋은 크기로
자르고,

> 얼음물에 담가 남은
> 열기를 빼면 더욱 좋아요.

끓는 물에 소금(0.5)을 넣고 브로콜리를 넣어
2~3분 후 건져 찬물에 2~3번 헹궈 물기를 빼고,

삶은 메추리알은 껍질을 까고, 붉은 파프리카는
잘게 나박썰기 하고,

명란젓은 얇은 막을 제거한 뒤 살짝 으깨고,

소스를 만들고,

손질한 재료에 소스를 넣고 살살 버무려 마무리.

요리 tip 브로콜리 대신에 콜리플라워를 사용해도 좋아요. 만들고 바로 먹는게 좋아요.

수삼 셀러리 냉채

쌉쌀한 수삼과 아삭한 셀러리의 식감이 더해진
건강식 냉채예요.

🏮 <u>필수재료</u> 수삼(2뿌리), 셀러리(줄기 부분 100g), 통잣(1)

🏮 <u>단촛물</u> 물(2.5컵) + 설탕(1) + 식초(1)

🏮 <u>오렌지 소스</u> 오렌지즙($\frac{2}{3}$컵) + 잣가루(3) + 꿀(0.5) + 연겨자(0.3) + 소금(약간)

만들어보세요.

1

수삼은 깨끗이 씻어 뇌두는 자르고 4~5cm 길이로
어슷 썬 뒤 곱게 채 썰고,

2

셀러리는 얇은 막을 벗겨내고 깨끗이 씻어 얇게 어
슷 썰고,

3

수삼채, 셀러리를 단촛물에 2~3초 정도 넣었다
재빨리 건져 체에 밭쳐 물기를 빼고,

4

오렌지 소스를 만들고,

요리 tip 오렌지 대신에 귤즙 혹은 한라봉즙을 이용해서
소스를 만들어도 좋아요.

5

소스에 수삼과 셀러리, 통잣을 넣고 살살 버무려
마무리.

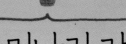

생굴 미나리 강회

생굴과 느타리버섯에 미나리를 돌돌 말아 초고추장에
찍어 먹으면 입안에 피지는 풍미가 일품이에요.

- 🥄 **필수재료** 생굴(중간 크기, 150g), 미나리(100g), 느타리버섯(100g)
- 🥄 **초고추장 양념장** 고추장(2) + 현미식초(2) + 꿀(2) + 마늘즙(0.5) + 생강즙(약간)
- 🥄 **양념** 소금(1)
- 🥄 **옅은 소금물** 물(4컵) + 소금(1)

- 만들어보세요

데친 미나리의 열기를 완전히 빼주세요.

생굴은 옅은 소금물에 2~3번 씻어 체에 밭쳐 물기를 빼고,

잎을 떼어낸 미나리는 끓는 물에 소금(0.5)을 넣고, 미나리를 넣어 불을 끈 후 뒤적여 찬물에 헹궈 물기를 짜고,

끓는 물에 소금(0.5)을 넣고, 느타리버섯을 넣어 재빨리 데쳐 찬물에 2~3번 헹궈 물기를 짜고,

미나리 한 줄기를 길게 놓고 그 위에 느타리버섯과 생굴을 올린 뒤 미나리 줄기를 돌돌 말아 감싸고,

초고추장 양념장을 만들고,

요리 tip 미나리로 말지 않을 경우 미나리, 버섯, 굴은 각각 담아 초고추장을 곁들이세요.

그릇에 생굴 미나리 강회를 돌려 담고 초고추장 양념장을 곁들여 마무리.

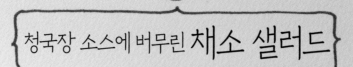

청국장 소스에 버무린 채소 샐러드

청국장 소스라니 특이하죠? 갖가지 채소에 곁들이면 자연의
건강함이 우리 집 밥상 위에 뚝딱 배달돼요.

🍶 <u>필수재료</u>　알배추(20g), 치커리(20g), 오이($\frac{1}{2}$개), 새싹 채소(한 줌)

🍶 <u>단촛물</u>　물(2.5컵) + 설탕(1) + 식초(1)

🍶 <u>청국장 소스</u>　청국장(2) + 매실청(2) + 현미식초(2) + 양파청(1) + 마늘즙(0.3)

만들어보세요

청국장 소스는 만들어 냉장실에 차게 두고,

알배추는 한입 크기로 자르고,

오이는 모양대로 얇게 썰고, 치커리는 먹기 좋은
크기로 자르고,

오이, 새싹 채소, 치커리, 알배추를 단촛물에 각각
1분 정도 담근 후 물기를 빼고,

손질한 채소를 그릇에 담고, 청국장 소스를 얌전히
뿌려 마무리.

요리 tip　연근을 얇게 썰어 튀겨 곁들여도 좋아요

오이고추 된장무침

도라지 오이 초고추장무침

톳 두부 된장무침

물미역 생굴 초무침

오징어 부추무침

골뱅이 황태채무침

시금치고추장무침

도토리묵 김치무침

파채 건파래무침

근대 된장무침

명란젓무침

꽈리고추무침

오이지무침

꼬막무침

달래 오이무침

콩나물무침

우엉 잡채

노각무침

무짠지무침

꼬시래기무침

Part 3

무침

Start

오이고추 된장무침

아삭하고 시원한 오이고추에 다시마물과 사과청을
넣은 된장 양념장으로 구수함과 자연스러운 달달함
까지 더했어요.

048

🥄 필수재료 오이고추(8개), 홍고추($\frac{1}{2}$개), 통깨(약간)

🥄 양념장 다시마물(2) + 들기름(2) + 재래식 된장(1) + 사과청(2) + 깨소금(1) + 고운 고춧가루(0.3) + 다진 파(0.3) + 다진 마늘(0.3)

만들어보세요

1

오이고추는 꼭지를 떼어내어 깨끗이 씻은 뒤
1cm 크기로 썰고,

2

홍고추는 씨를 제거한 후 채 썰고,

3

양념장을 만들고,

4

오이고추는 양념장을
만든 후 즉석에서 무쳐내는 것이
아삭하고 맛있답니다.

오이고추에 양념장을 넣어 버무리고,

5

채 썬 홍고추와 통깨를 올려 마무리.

요리 tip 세발나물이 나는 계절에는 세발나물과 함께 무쳐
도 별미에요.

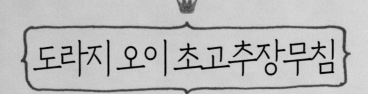

도라지 오이 초고추장무침

겨우내 축적된 군살이 고민이라면 섬유질이 풍부한 도라지와
부기를 빼는 데 효과적인 오이로 초고추장 무침을 만들어보세요.
지방 함량이 적고 비타민과 무기질이 풍부해 다이어트에 좋답니다.

- 🥄 **필수재료** 도라지(200g), 오이($\frac{1}{3}$개=약 50g)
- 🥄 **소금물** 물(1컵), 소금(0.3)
- 🥄 **양념장** 고운 고춧가루(0.5) + 사과식초(1) + 오미자청(1) + 간 배(1) + 맛간장(0.3) + 다진 마늘(0.3) + 다진 파(0.3) + 고추장(1) + 올리고당(1) + 통깨(1)

만들어보세요

1

도라지 껍질은 결을 따라 칼로 돌려가며 벗기거나 필러로 벗겨요.

도라지를 소금물에 절여 씻으면 아린 맛이 없어져요.

손질한 도라지는 소금물에 10분 정도 담갔다가 주물러 씻어 물기를 슬쩍 짜고,

2

오이는 반을 갈라 어슷 썰고,

3

오미자청이 없다면 매실청을 이용해도 좋아요

양념장을 만들고,

4

양념장에 도라지와 오이를 넣고 골고루 버무려 마무리.

톳 두부 된장무침

저칼로리, 고단백 영양소인 톳과 두부를 된장 양념장에
무쳐보세요. 제대로 된 밥도둑이랍니다.

🥄 필수재료 톳(200g), 두부(200g)

🥄 양념 소금(0.5)

🥄 양념장 고운 고춧가루(0.3) + 다시마물(3) + 재래식 된장(2) + 들기름(3) + 사과청(1) + 다진 파(0.5) + 다진 마늘(0.3) + 깨소금(1)

만들어보세요

데친 톳은 찬물에
2~3번 헹궈 열을 식혀야 색이
변하지 않아요.

톳은 씻어 끓는 물에 소금(0.5)을 넣고 재빨리 데쳐
찬물에 씻은 뒤 체에 밭쳐 물기를 빼고,

먹기 좋은 크기로 썰고,

칼 옆면으로 두부를 곱게 으깨고,

양념장을 만들고,

요리 tip 기호에 따라 된장을 가감하세요. 고춧가루 대신
고추장을 약간 넣어도 좋아요.

톳과 두부를 양념장에 골고루 버무려 마무리.

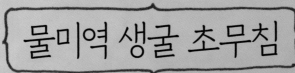

물미역 생굴 초무침

물미역 생굴 초무침 하나면 밥 한 끼도 뚝딱! 물미역과
굴을 무치기만 하면 요리가 금세 완성돼요.

- 필수재료 생굴(150g), 물미역(100g), 대파(약간), 무(30g),
- 열은 소금물 물(4컵), 소금(1)
- 소스 사과식초(2) + 다시마물(2) + 매실청(2) + 국간장(1)
- 양념 소금(1), 고춧가루(약간)

만들어보세요.

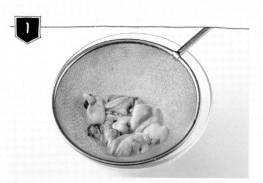

1

생굴은 옅은 소금물에 2~3번 씻은 뒤 체에 밭쳐
물기를 빼고,

2

끓는 물에 소금을 넣고 물미역을 넣어 재빨리
데친 후 찬물에 2~3번 헹궈 체에 밭쳐 물기를 뺀 후
약 3~4cm 크기로 자르고,

3

대파는 채 썰고, 무는 강판에 곱게 갈아 체에 밭쳐
물기를 빼고,

4

소스를 만들어 냉장고에서 차게 식히고,

요리 tip 물미역은 윗대를 약 5cm 정도 자른 후 데치세요.

5

그릇에 굴과 물미역을 가지런히 담은 후 소스를 부은 뒤,
무와 고춧가루를 곁들이고 대파채를 올려 마무리.

오징어 부추무침

오징어를 새콤달콤한 양념장에 무쳐 부추까지 곁들이니
계속 손이 가요. 안주로도 손색없답니다.

2인분

- 🍴 **필수재료** 오징어(1마리, 약 200g), 영양 부추(40g), 사과($\frac{1}{8}$개=약 40g), 백오이($\frac{1}{4}$개=약 40g), 홍고추($\frac{1}{2}$개)
- 🍴 **양념장** 고추장(1) + 사과식초(1) + 간 사과청(3) + 맛간장(1) + 통깨(1) + 고운 고춧가루(0.3) + 다진 마늘(0.3) + 참기름(0.3)
- 🍴 **양념** 맛술(1)

만들어보세요

오징어는 손질해 먹기 좋은 크기로 썰고,

끓는 물에 맛술(1)을 넣어 오징어를 10초 정도 재빨리 데쳐 차게 식히고,

영양 부추는 깨끗이 씻어 먹기 좋은 크기로 썰고,

사과는 깨끗이 씻어 껍질째 얇게 반달 썰고, 오이는 가늘게 채 썰고, 홍고추는 씨를 빼 곱게 채 썰고,

양념장을 만들고,

먹기 직전에 버무려야 물이 생기지 않고 아삭하게 즐길 수 있어요.

양념장에 채소를 먼저 버무린 다음 오징어를 넣고 골고루 섞어 마무리.

요리tip 주꾸미나 낙지를 이용해서 요리해도 좋아요

골뱅이 황태채무침

쫄깃쫄깃한 골뱅이에 황태채를 더해봤어요. 매콤 달콤한
양념장에 깻잎과 대파를 넣으니 입안이 행복해요.

4인분

- 🥄 필수재료 통조림 골뱅이(1캔=300g), 황태채(40g), 깻잎(5〜6장), 대파(흰 부분, 5cm)
- 🥄 양념장 고춧가루(0.5) + 식초(2) + 귤청(2) + 고추장(1) + 올리고당(1) + 참기름(1) + 다진 마늘(0.3) + 깨소금(1)
- 🥄 양념 참기름(1)

골뱅이는 체에 밭쳐 물기를 뺀 뒤 한입 크기로
자르고,

대파는 어슷 썰고, 깻잎은 먹기 좋은 크기로 썰고,

황태채는 흐르는 물에 재빨리 헹궈 물기를 꽉 짠 뒤
먹기 좋은 크기로 잘라 참기름(1)에 무치고,

양념장을 만들고,

양념장에 황태채를 먼저 무친 뒤 골뱅이와 야채를
넣고 골고루 버무려 마무리.

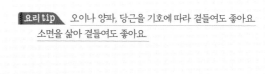

요리 tip 오이나 양파, 당근을 기호에 따라 곁들여도 좋아요
소면을 삶아 곁들여도 좋아요.

시금치 고추장무침

입맛 없을 때 뚝딱 만들 수 있는 국민 반찬이에요.

- 🍶 필수재료 시금치(1단)
- 🍶 양념장 고추장(1) + 참기름(1) + 깨소금(0.5) + 다진 마늘(0.3) + 다진 파(0.3)
- 🍶 양념 굵은 소금(0.5)

만들어보세요.

1

시금치는 손질해 4등분 한 뒤 깨끗이 씻어 체에
밭쳐 물기를 빼고,

2

끓는 물에 굵은 소금(0.5)과 시금치를 넣고 살짝
데친 뒤 찬물에 5분간 담갔다 물기를 슬쩍 짜고,

3

물기를 짠 시금치를 먹기 좋은 크기로 자르고,

4

양념장을 만들고,

5

시금치에 양념장을 넣고 조물조물 무쳐 마무리.

요리 tip 고추장에 무치는 것을 싫어할 경우, 소금, 참기름만
넣어 간해도 좋아요.

도토리묵 김치무침

도토리묵에 신김치를 버무려 먹는 것이 매우 일반적이죠.
여기에 소고기를 넣으면 색다른 도토리묵 무침이 완성돼요!

🔪 필수재료 도토리묵(1모=400g), 신김치(150g), 소고기(우둔살, 50g), 오이($\frac{1}{4}$개), 깻잎(4장)

🔪 신김치 밑간 올리고당(0.5), 참기름(0.3), 백후춧가루(약간)

🔪 소고기 밑간 간 배(1), 맛간장(0.5), 맛술(0.3), 참기름(0.3), 후춧가루(약간)

🔪 양념장 고춧가루(0.3) + 맛간장(2) + 꿀(0.3) + 참기름(1)

🔪 양념 맛기름(0.3)

만들어보세요.

1

오이는 반으로 잘라 가운데 씨 부분을 도려내고 어슷 썰어주세요.

도토리묵은 먹기 좋은 크기로 길게 썰고, 오이는 눈썹모양으로 썰고, 깻잎은 보통크기로 썰고,

2

신김치는 먹기 좋은 크기로 썬 후 신김치 밑간하여 팬에 맛기름 두른 후 볶아 식히고,

3

소고기는 곱게 채 썰어 소고기 밑간한 후 팬에 중간 불로 볶아 식히고,

4

양념장을 만들고,

5

도토리묵을 무칠 때 모양이 깨지지 않도록 주의해요. 도토리묵이 단단하거나 건 도토리묵을 사용할때는 끓는물에 데쳐 식혀주세요.

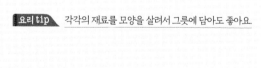
요리 tip 각각의 재료를 모양을 살려서 그릇에 담아도 좋아요.

도토리묵, 신김치, 소고기를 양념장에 버무려 마무리.

파채 건파래무침

파래에 파채를 함께 무쳤어요. 달콤한 양념장이
파래와 파채의 케미를 끈끈하게 해 줘요.

- 🥄 **필수재료** 건파래(1봉=100g), 대파(흰 부분, 30g), 홍고추(2개)
- 🥄 **양념장** 다시마물(2컵) + 맛간장($\frac{1}{2}$컵) + 물엿($\frac{1}{2}$컵)
- 🥄 **양념** 맛기름(2), 들기름(3), 통깨(1)

만들어보세요

건파래는 덩어리가 없도록 손으로 잘게 찢고,

씨를 뺀 홍고추와 대파 흰부분은 가늘게 채 썰고,

양념장은 끓여 식히고,

건파래에 맛기름을 넣어 부드럽게 무치고,

부드러워진 건파래에 양념장을 부어가며 무치고,

홍고추채, 파채, 들기름, 통깨를 넣고 가볍게 무쳐 마무리.

요리 tip 양념장에 청양고추를 넣어 끓이면 매콤하게 먹을 수 있어요.

근대 된장무침

근대를 살짝 데쳐
부드러운 식감과 함께
된장 양념의 구수한 향이
일품이에요. 밥반찬으로
딱이랍니다.

2인분

- 🔖 필수재료 근대(1단=약 300g)
- 🔖 양념장 다시마물(3) + 들기름(2) + 재래식 된장(1) + 고춧가루(0.3)+다진 마늘(0.3) + 다진 파(0.3) + 맛간장(0.3)
- 🔖 양념 굵은 소금(1), 들기름(1), 깨소금(1)

근대는 줄기의 섬유질을 벗긴 뒤 깨끗이 씻고,

끓는 물에 굵은 소금(1)을 넣고 근대를 재빨리 데쳐 찬물에 2~3번 헹궈 물기를 짠 뒤 먹기 좋은 크기로 자르고,

양념장을 만들고,

양념장에 근대를 넣어 조물조물 무친 뒤 들기름, 깨소금을 넣어 마무리.

명란젓무침

신선한 명란젓과
양념장만 준비하세요.
간단히 양념장을 만들고
명란젓에 비비면 뚝딱
반찬 완성이에요.

🍴 필수재료 명란젓(100g)

🍴 양념장 고춧가루(0.3) + 맛술(0.5) + 참기름(0.5) + 다진 마늘(0.3) + 다진 파(0.3) + 통깨(0.5)

- 만들어보세요

명란젓은 먹기 좋은 크기로 자르고,

양념장을 만들고,

명란젓과 양념장을 살살 버무려 마무리.

요리 tip 양념한 명란젓을 찜통에 올려 10~12분 정도 쪄도 좋아요

꽈리고추무침

오랫동안 두고두고 먹을 수 있는 밥도둑 반찬! 꽈리고추
무침이에요. 양념장 만들기도 간단해서 꽈리고추만 손질
하고 버무려 주세요.

🥄 필수재료 꽈리고추(150g)

🥄 소금물 물(2컵) + 소금(1)

🥄 양념장 고춧가루(0.5) + 다시마물(3) + 사과청(1) + 액젓(1) + 맛간장(1) + 다진 파(1) + 다진 마늘(0.3) + 올리고당(1) + 깨소금(1)

만들어보세요

꽈리고추는 꼭지를 떼어 길게 반으로 자르고,

소금물에 10분 정도 절인 뒤 찬물에 헹궈 물기를 빼고,

양념장을 만들고,

꽈리고추에 양념장을 넣고 버무려 마무리.

오이지무침

잘 만든 오이지만 있으면 양념만 잘해도 맛이 확 살아나요.
찬물로 여러 번 헹궈 짠맛을 빼주는 것 잊지 마세요.

🥄 필수재료 오이지(6개)

🥄 양념장 고춧가루(0.5) + 사과청(1) + 올리고당(0.3) + 참기름(0.5) + 다진 마늘(0.3) + 다진 파(0.3) + 깨소금(1)

만들어보세요.

1

오이지 오이는 모양대로 먹기 좋은 크기로 자르고,

2

기호에 따라
짠맛을 조절해요.

오이가 잠길 정도로 찬물을 부어 중간중간 2~3번 물을 바꾸고,

3

물기를 쫙 짜야
오독오독 씹히는 맛이
좋아요.

짠맛이 빠진 오이지 오이는 물기를 쫙 짜고,

4

양념장을 만들고,

5

오이지에 양념장을 넣고 조물조물 무쳐서 마무리.

요리 tip 오이지 오이를 생수에 띄워 다진 파(약간), 고춧가루(약간), 식초(약간), 매실청(약간)을 넣어 먹어도 좋아요.
오이지 오이를 쫙 짠 후 참기름, 물엿, 다진 마늘만 넣어 무쳐도 좋아요.

꼬막무침

사과청을 넣어 달콤 짭조름한 꼬막무침이에요. 사과청이
없다면 다른 과일청을 활용해도 괜찮아요.

- 🥄 필수재료 꼬막(400g, 데친 후 100g)
- 🥄 양념장 고춧가루(0.5) + 맛간장(1) + 사과청(1) + 맛술(0.5) + 국간장(1) + 참기름(1) + 통깨(1) + 다진 파(1) + 다진 마늘(0.5)
- 🥄 양념 맛술(2), 굵은 소금(1)

만들어보세요.

1. 꼬막은 굵은 소금(1)을 넣어 비벼가며 깨끗이 썻고,

2. 냄비에 물과 맛술, 꼬막을 넣고 중간 불에서 꼬막 입이 벌어질 때까지 한 방향으로 저어 주고,

3. 꼬막 입이 벌어지기 시작하면 바로 불을 끈 후 찬물에 헹궈 물기를 빼고,

4. 꼬막 뒤쪽 돌기 부분을 숟가락으로 돌려가며 껍질을 벗긴 후 한 번 헹구고,

5. 양념장을 만들고,

6. 껍질을 깐 꼬막을 그릇에 가지런히 담고 양념장을 위에 뿌려 마무리.

요리 tip ① 사과청 대신 다른 과일청을 사용해도 좋아요
② 꼬막 입이 벌어질 때까지 꼭 한 방향으로 저어 주세요.

달래 오이무침

달래 먹고 맴맴~
맵지만 톡 쏘는 맛이 일품인
달래 오이무침이에요. 비타민과
무기질, 칼슘이 풍부해서
건강에도 무척 좋아요.

🔖 필수재료 달래(1묶음), 오이($\frac{1}{2}$개)

🔖 양념장 고춧가루(0.5) + 맛간장(2) + 매실청(1) + 참치액젓(0.3) + 참기름(1) + 다진 마늘(0.3) + 깨소금(1)

만들어보세요.

1

달래는 뿌리째 다듬어 깨끗이 씻은 뒤 물기를 빼
4~5cm 길이로 자르고,

2

오이는 모양대로 썰고,

3

양념장을 만들고,

4

양념장에 달래와 오이를 넣고 조물조물 무쳐
마무리.

콩나물무침

만들기 쉽다고 생각하는 콩나물무침이지만 비린내 안 나
고 알맞게 무치기 쉽지 않은 것도 사실이죠. 기본에 충실한
단순하지만 맛있는 맛으로 즐겨보세요

- 필수재료 콩나물(150g)
- 양념장 고운 소금(0.3) + 참기름(1) + 다진 파(0.3) + 다진 마늘(0.3) + 깨소금(1)
- 양념 굵은 소금(0.5)

만들어보세요.

1

깨끗이 씻은 콩나물은 끓는 물에 굵은 소금(0.5)을
넣고 데쳐 찬물에 2~3번 헹궈 물기를 빼고,

2

양념장을 만들고,

3

콩나물에 양념장을 넣고 조물조물 무쳐 마무리.

요리 tip 기호에 따라 고춧가루를 넣어 무쳐도 좋아요.

우엉 잡채

고기 대신 우엉을 넣은 잡채는 어떠세요. 청고추를 곁들여
심심한 맛을 꽉 잡은 우엉잡채로 오늘 저녁 반찬 걱정을
날려보세요.

- 필수재료 우엉(200g), 당면(50g), 청고추(1개)
- 식촛물 물(2컵), 식초(3)
- 양념장 다시마물(1컵) + 맛간장(3) + 식용유(3) + 흑설탕(1) + 대추청 조린 물(1) + 후춧가루(약간)
- 양념 들기름(3) + 소금(0.5) + 맛기름(약간) + 검은깨(약간)

만들어보세요.

1 우엉은 필러로 껍질을 벗겨 길게 어슷 썰어 가늘게 채 썬 뒤 식촛물에 30분 정도 담갔다 2~3번 헹궈 물기를 빼고,

2 당면은 끓는 물에 5분 정도 삶아 찬물에 헹궈 물기를 빼고,

3 청고추는 반으로 잘라 씨를 빼고 가늘게 채 썰어 맛기름을 두른 팬에 재빨리 볶아 식히고,

4 양념장을 만들고,

5 팬에 들기름을 두르고 약간 달군 후 우엉을 넣고 약한 불에서 달달 볶다가 양념장의 반을 넣어 양념장이 졸아들 때까지 윤기나게 볶고,

6 남은 양념장에 당면을 넣어 양념장이 졸아들 때까지 볶고,

7 조린 우엉과 당면에 청고추를 넣어 비무린 뒤 검은깨를 넣어 마무리.

요리 tip 대추를 깨끗이 씻어 돌려 깎아 씨를 뺀 후 대추(10알, 물 1/2컵)를 중간 불에서 조리세요. 진한 물이 한 숟가락 나올 정도로 조려 물만 사용하세요.

노각무침

노각무침이 생소하시다고요? 매콤하고 고소한 그 맛에
밥 한 공기 뚝딱이에요. 아삭하고 시원한 반찬이 당기는 날
꼭 만들어보세요.

♟ 필수재료 노각(1개, 1kg)

♟ 절임재료 물엿(3) + 꽃소금(1)

♟ 양념장 고운 고춧가루(0.5) + 참치액젓(0.3) + 올리고당(1) + 고추장(2) + 참기름(1) + 다진 마늘(0.5) + 다진 파(0.5) + 깨소금(약간)

만들어보세요

노각의 껍질을 필러로 깨끗하게 벗기고

양쪽 끝부분을 약 1.5cm 정도 자른 후 반으로 갈라 가운데 씨를 숟가락으로 긁어낸 후 깨끗이 씻고,

중간 중간에 뒤적여 주세요. 절인 후 노각은 약 600g 정도 줄어요.

모양대로 얇게 썰어 절임재료를 넣어 10분 정도 절이고, 흐르는 물에 헹궈 물기를 꽉 짜고,

양념장을 만들고,

요리tip 된장을 넣어 무쳐도 좋아요.

절인 노각에 양념장을 넣어 버무려 마무리.

무짠지무침

짠맛은 적당히 살리고
양념장에 무쳐 짭조름한 무침으로
만들었어요. 손쉽게 만들 수 있는
무짠지무침은 완전 밥도둑이죠.

🥄 필수재료 무짠지 (1개, 약 500g)

🥄 양념장 고춧가루(1) + 사과청(1) + 참기름(2) + 다진 쪽파(1) + 다진 마늘(0.3) + 깨소금(1)

··· 만들어보세요.

1

무짠지의 짠맛을
너무 빼면 맛이 덜해요.

무짠지는 가늘게 채를 썰어 물에 담가 짠기를
적당히 빼고,

2

짠기 뺀 무 짠지는 물기를 꽉 짜고,

3

양념장을 만들고,

4

기호에 따라
식초를 넣어도 좋아요.

물기 짠 무짠지에 양념장을 넣고, 조물조물 버무려
마무리.

요리tip 무짠지를 나박 썰기하여 얼음물에 넣고 식초, 매실청을 곁들인 후 다진 쪽파를 띄워 먹어도 좋아요.

꼬시래기무침

바다의 잡채, 바다의 당면이라고나 할까요. 씹는 식감이
참 좋은 꼬시래기무침이에요. 상큼한 양념장에 무쳐 한입
먹으면 없던 입맛도 살아나요.

🥄 필수재료 염장꼬시래기(300g)

🥄 양념장 오렌지즙(2) + 고추장(1) + 레몬즙(1 + 마늘즙(1) + 양파청(1) + 올리고당(0.5) + 깨소금(0.5)

만들어보세요

염장꼬시래기는 찬물에 3~4번 씻어 소금기를
없앤 후 찬물에 10분 정도 담가 두고,

양념장을 만들고,

씻은 꼬시래기에 양념장을 넣어 마무리.

요리 tip 여름에는 염장꼬시래기를 사용하고, 겨울에는 생꼬시래기를 사용하여 요리하면 좋아요.

Part 4

조림, 찜

Start

꽈리고추 콩가루찜

꽈리고추에 콩가루를 더해 매콤함과 고소함을 살렸어요.
꽈리고추를 쪄서 식감이 아주 부드럽고 맛있답니다.

♟ 필수재료 꽈리고추(100g), 콩가루(½컵)

♟ 양념장 다시마물(1) + 들기름(1) + 맛간장(0.5) + 국간장(0.5) + 깨소금(0.5) + 다진 파(0.3) + 다진 홍고추(0.3) +
　　　　　 올리고당(0.3) + 고춧가루(0.2) + 다진 마늘(0.2)

♟ 양념 다시마물(2)

만들어보세요

꽈리고추는 꼭지를 떼어 내 큰 것은 반으로 어슷 썰고,
작은 것은 이쑤시개로 콕콕 찔러 구멍을 내고,

콩가루를 입히기 전에,
옅은 소금물(물 1컵+소금 1)에
꽈리고추를 7~8분 정도
두어도 좋아요.

콩가루와 다시마물(2)을 잘 섞어 꽈리고추에
묻히고,

그릇에 꽈리고추를 담고 김 오른 찜기에 넣어
3분 정도 중간 불로 찐 후 살짝 열을 식히고,

양념장을 만들고,

꽈리고추에 양념장을 골고루 버무려 마무리.

요리 tip 여름이 제철인 꽈리고추는 꼭지가 신선하고 연녹색
이며 부드럽고 굴곡이 있는 것으로 고르면 매운맛이 강하지
않아 좋답니다.

감자조림

남녀노소 누구나 좋아하는 최고의 반찬이에요.
달콤짭조름한 맛에 식감까지, 반찬 순위가 있다면
최상위권쯤 되지 않을까요.

- 🥄 필수재료 감자(400g), 검은깨(약간)
- 🥄 감자 절임 올리고당(3), 맛간장(1), 소금(0.3)
- 🥄 양념장 다시마물(2컵) + 맛간장(3) + 맛기름(1) + 황설탕(0.5)

만들어보세요.

감자의 씨눈에는 솔라닌이라는 독소가 있으니 꼭 제거해주세요.

감자는 껍질을 벗겨 먹기 좋은 크기로 깍둑 썰어
찬물에 담가 전분질을 제거하고,

썰어 놓은 감자에 소금을 넣어 1시간 정도 두고,

양념장을 만들고,

냄비에 양념장과 감자를 넣고 중간 불에서
부드러워질 때까지 조리고,

그릇에 담아 검은 깨를 뿌려 마무리.

요리 tip 감자를 절여 조림을 하게 되면 부서지지 않고 쫄깃
하게 조려진답니다.

마늘종 소고기조림

씹는 맛 제대로인 마늘종과 원기 보충할 소고기를 고소한
양념장에 조려 마늘종 소고기 조림을 만들었어요.
저녁 반찬으로 이만한 게 없죠.

🥄 필수재료 마늘종(150g), 소고기(우둔살, 100g)

🥄 밑간 맛간장(2), 참기름(0.5), 백후춧가루(약간)

🥄 양념장 양지육수($\frac{1}{3}$컵) + 맛간장(3) + 참기름(1) + 깨소금(1)

🥄 양념 맛기름(1)

────────────────────────────── 만들어보세요

마늘종은 대만 남기고 아래쪽 줄기는 잘라버린 후
깨끗이 씻어 먹기 좋은 길이로 자르고,

우둔살은 채 썰어 키친타월로 핏물을 제거한 뒤
밑간하고,

양념장을 만들고,

센 불에서 볶으면
자칫 타버리므로 약한 불에서
은근히 볶아주세요.

맛기름에 우둔살을 볶다가 마늘종과 양념장을
넣고 마늘종이 쫄깃해지도록 볶아 마무리.

요리 tip   건새우나 칵테일 새우를 넣어 볶아도 좋아요.

달걀 명란젓찜

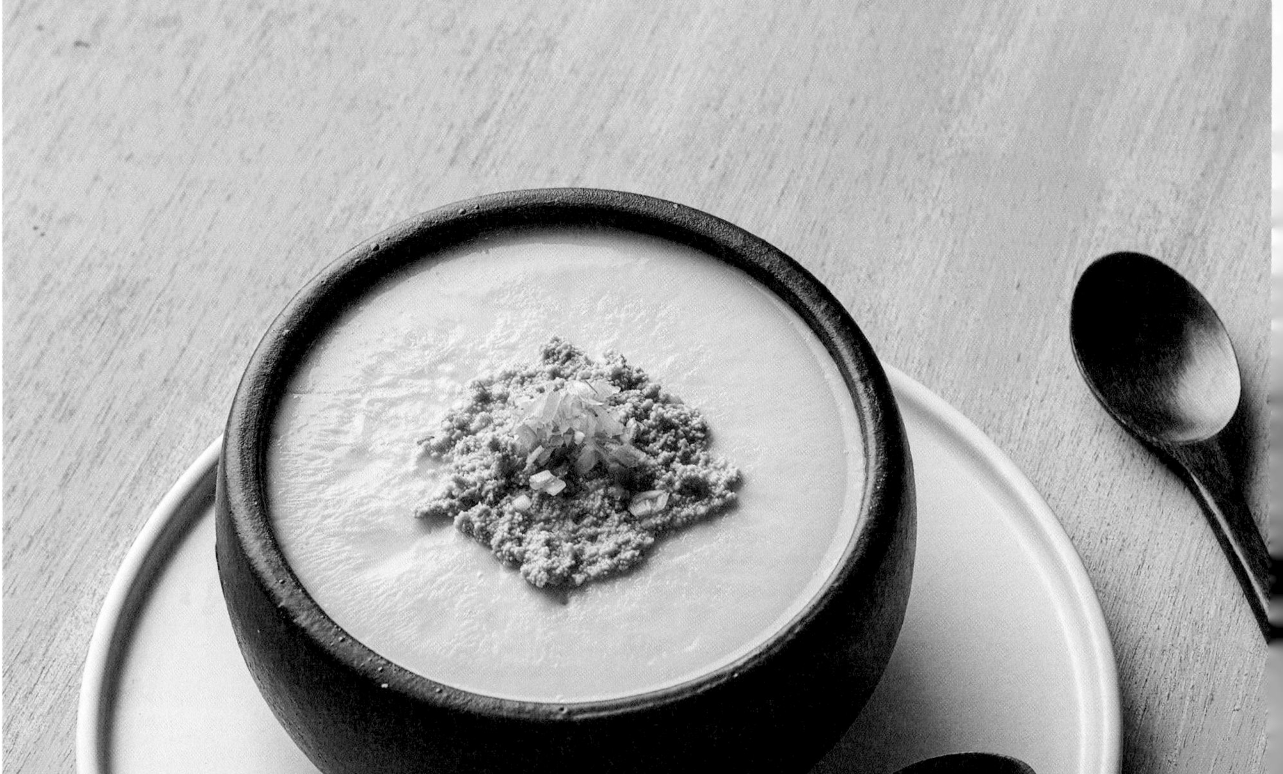

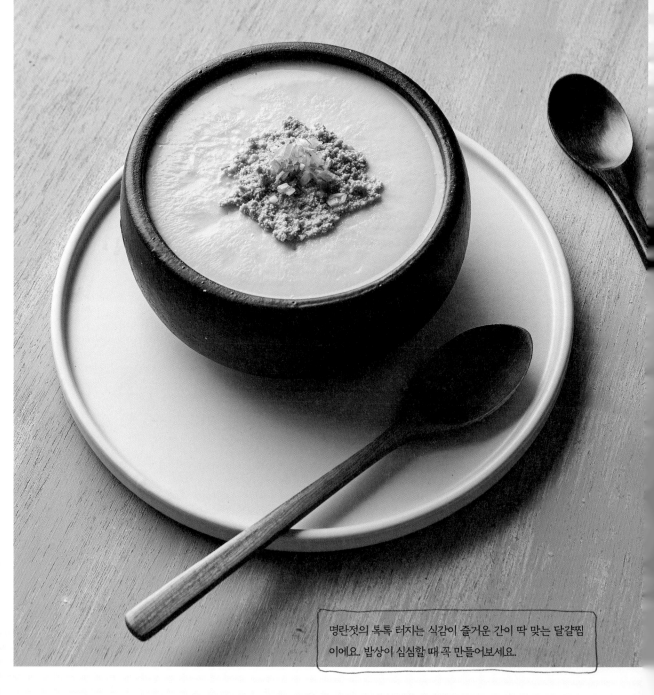

명란젓의 톡톡 터지는 식감이 즐거운 간이 딱 맞는 달걀찜이에요. 밥상이 심심할 때 꼭 만들어보세요.

🥄 필수재료 달걀(6개), 명란젓(50g), 쪽파(약간)

🥄 명란젓 양념 다진 마늘(0.3) + 참기름(0.3) + 깨(약간)

🥄 양념 다시마물(1.5컵), 맛술(0.3), 식용유(약간)

만들어보세요.

1   달걀을 체에 걸러 알끈을 제거해야 더욱 부드러워져요.

달걀을 풀 때 한 방향으로만 저어주세요.

달걀은 고루 풀어 체에 한 번 거른 뒤 맛술을 넣고,

2

명란젓은 잘게 다져 명란젓 양념에 버무리고,
쪽파는 송송 썰고,

3

센 불에 뚝배기를 달군 뒤 식용유를 둘러
코팅하고,

4

중간 불에서 다시마물을 넣고 끓이다가, 달걀을
넣고 젓가락으로 한 방향으로 계속 저어주고,

5

달걀이 몽글몽글 덩어리지기 시작하면 약한 불로
낮춘 뒤 명란젓을 넣고,

6   새우젓이나 버섯을 넣어도 좋아요.

뚜껑을 덮어 약한 불에서 5분 정도 익힌 후 송송
썬 쪽파를 올려 마무리.

갈치 시래기조림

갈치조림에 시래기무침을 곁들여 조리면 자칫 짠맛이
강할 수 있는 조림을 시래기가 잡아주어 더욱 풍성한
맛을 느낄 수 있어요.

4인분

- 🥄 필수재료 갈치(1마리=약 500g), 데친 시래기(300g), 대파(50g), 홍고추(1개), 청양고추(1개)
- 🥄 소금물 물(2컵), 굵은 소금(2)
- 🥄 양념장 멸치 다시마물(1컵) + 맛간장(5) + 고춧가루(2) + 양파청(2) + 참기름(2) + 간 배(1) + 맛술(1) + 다진 마늘(1) + 된장(0.5) + 후춧가루(약간)
- 🥄 양념 깨소금(1)

1

손질한 갈치는 소금물에 30분 정도 절이고,

2

데친 시래기는 3~4cm 길이로 썰고,

3

대파, 홍고추, 청양고추는 어슷 썰고,

4

양념장을 만들고,

5

시래기에 양념장 절반을 넣어 조물조물 버무리고,

6

냄비에 양념한 절반의 시래기 - 갈치 - 양념장 - 대파, 홍고추, 청양고추 - 남은 시래기를 올리고 깨소금을 뿌린 뒤 뚜껑을 덮어 양념장을 자작하게 조려 마무리.

요리 tip ① 시래기는 걸껍질을 꼭 벗겨야 부드러워요.
② 조리할 때 중간중간 양념장을 끼얹어주세요.

등갈비찜

하나씩 잡고 뜯을 준비 되셨나요. 한국인이 사랑하는 대표
메뉴 중 하나인 등갈비찜이랍니다. 양념장에 잘 재워 식탁
에 올려놓으면 순식간에 없어져요.

🦴 <u>필수재료</u> 돼지 등갈비(1kg)

🦴 <u>고기 삶는 재료</u> 월계수잎(3장), 통생강(30g), 통후추(5g), 맛간장($\frac{1}{2}$컵), 맛술($\frac{1}{2}$컵), 건고추(2개), 청양고추(2개)

🦴 <u>양념장</u> 등갈비 삶은 물(2컵) + 맛간장(1컵) + 물(1컵) + 간 사과(5) + 황설탕(3) + 간 파인애플(3) + 깨소금(3) + 다진 마늘(2) + 고추장(2) + 식용유(2) + 참기름(2) + 흑설탕(1) + 쌀엿(1)

🦴 <u>양념</u> 맛술(2)

만들어보세요.

1

핏물을 제거해야 등갈비의 잡냄새가 안 나요.

등갈비는 찬물에 30분 정도 담가 핏물을 제거하고,

2

등갈비를 냄비에 담고 물을 잠길 정도로 부은 후 맛술을 넣고, 끓기 시작하면 등갈비를 건져 깨끗이 씻고,

3

등갈비와 고기 삶는 재료를 넣어 등갈비 두 배 정도의 물을 부어 센 불에서 30분 정도 끓이고,

4

양념장을 따로 끓여서 요리하면 윤기 나는 등갈비찜을 만들 수 있어요.

양념장을 만들어 10분 정도 끓이고,

5

등갈비에 양념장을 넣어 뚜껑을 덮고 중간 불에서 양념장이 자작해지도록 조린 후, 한 마디씩 잘라 남은 양념장을 바른 후 마무리.

요리 tip 등갈비를 마디마다 잘라 조리게 되면 살이 빠질 수 있으므로 4~5마디씩 잘라 조리는 것이 좋아요.

통조림 꽁치 무조림

통조림 꽁치에 무만 넣어서 잘 끓이면 그럴듯한 반찬
하나가 완성! 실패할 수 없는 맛이에요. 간단하고 빠르게
만들어보세요.

4인분

🥄 **필수재료** 통조림 꽁치(1캔=280g), 무(300g), 청양고추(2개)

🥄 **양념장** 멸치 다시마물(1컵) + 맛술(1) + 참기름(1) + 통깨(1) + 다진 파(1) + 고춧가루(0.5) + 다진 마늘(0.3) + 올리고당(0.5) + 후추(약간)

--- 만들어보세요

통조림 꽁치를 국물과 함께 준비하고,

무는 1cm 두께로 나박 썰고, 청양고추는 어슷 썰고,

양념장을 만들고,

냄비에 무를 깔고 양념장 반을 넣어 중간 불에서 끓이고,

요리 tip 통조림 고등어로 양념장에 조려도 좋아요.

무가 부드러워지면 통조림 꽁치와 국물, 청양고추, 남은 양념장을 올린 뒤 중간 불에서 국물이 자작해지도록 조려 마무리.

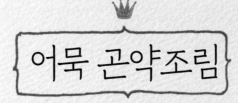

어묵 곤약조림

칼로리는 낮은 곤약에 어묵을 넣어 더욱 맛있어요. 부족할
수 있는 영양소를 채우기에 안성맞춤인 브로콜리까지 넣
으면 아이들도 곧잘 먹어요.

- 🥄 **필수재료** 사각 어묵(3장), 곤약(200g), 브로콜리(50g)
- 🥄 **양념장** 멸치 다시마물($\frac{1}{2}$컵) + 맛간장(4) + 맛술(1) + 올리고당(1) + 매실청(0.5) + 다진 마늘(0.3) + 백후춧가루(약간)
- 🥄 **양념** 맛술(1), 고추기름(1), 참기름(0.3), 소금(0.5)

1

어묵은 먹기 좋은 크기로 어슷 썰고, 곤약은 어묵보다 조금 더 크게 썰어 꽈배기 모양으로 만들고,

2

끓는 물에 맛술(1)을 넣고 어묵과 곤약을 재빨리 데쳐 찬물에 한 번 헹궈 물기를 빼고,

3

브로콜리는 먹기 좋은 크기로 썰어 끓는 물에 약간의 소금을 넣어 데치고,

4

양념장을 만들고,

5

중간 불로 달군 팬에 고추기름(1)을 두르고 어묵을 넣어 가볍게 볶고,

6

어묵에 양념장과 곤약, 데친 브로콜리를 넣어 중간 불에서 자작하게 조린 뒤 참기름(0.3)을 둘러 마무리.

요리 tip 쫄깃쫄깃함이 살아있는 곤약 꽈배기 만드는 법
① 곤약은 먹기 좋은 직사각형 크기로 썬 후 내천자(川)로 칼집을 내고,
② 칼집 낸 가운데로 곤약의 한쪽 끝을 안으로 집어넣어 마무리.

양념된장 가지찜

가지 싫어하는 분들
모두 여기 주목! 양념 된장으로
맛을 낸 부드러운 가지찜을 맛보세요.
짭조름하면서 달달한 맛까지
가미되니 더욱 맛있어요.

🥄 **필수재료** 가지(가늘고 긴 것 3개, 약 300g)

🥄 **양념장** 고춧가루(0.3) + 멸치 다시마물($\frac{1}{4}$컵) + 맛간장(2) + 사과청(2) + 재래식 된장(1) + 들기름(1) +
다진 파(1) + 다진 마늘(0.5) + 깨소금(1)

🥄 **양념** 통깨(1)

만들어보세요

1

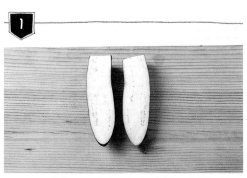

가지는 꼭지를 자른 후 길게 반으로 가르고,

2

가지의 위, 아래쪽에 나무젓가락을 놓고 칼집을 내면 가지가 끊어질 염려가 없어요.

1.5cm 간격으로 칼집을 내고,

3

양념장을 만들고,

4

가지에 양념장을 펴 발라 그릇에 담고,

5

예열된 찜통에 그릇째로 넣어 중간 불로 5분 정도
찌고 통깨를 뿌려 마무리.

요리 tip 가지를 먼저 찐 후 양념장을 올려도 좋아요.

삼치 애호박 된장조림

삼치는 비린 맛이 없는 게 특징이지요. 카레 향으로 입맛을
살린 삼치는 구웠을 때 바삭바삭함과 어우러진 촉촉한
육즙이 일품이랍니다.

4인분

- 🥄 **필수재료** 삼치(보통크기, 1마리), 애호박(1개)
- 🥄 **삼치 소금물** 물(2컵) + 맛술($\frac{1}{2}$컵) + 소금(2)
- 🥄 **애호박 소금물** 물(1컵) + 소금(1)
- 🥄 **양념장** 다시마물(2$\frac{1}{2}$컵) + 된장(3) + 양파청(3) + 찹쌀가루(2) + 쌀엿(1) + 맛술(1) + 참기름(1) + 다진 마늘(1) + 고춧가루(0.5) + 다진 청양고추(0.5)
- 🥄 **양념** 맛기름(1)

삼치는 5cm 길이로 어슷 썰어 삼치 소금물에
30분 정도 절이고,

애호박은 눈썹 모양으로 썰어 애호박 소금물에
넣고 부드러워질 때까지 30분 정도 절이고,

양념장을 만들고,

절인 삼치는 찬물에 한 번 헹궈 물기를 빼고,

애호박은 물기를 꽉 짜서 맛기름(1)을 두른 팬에
재빨리 볶아 식히고,

오목한 팬에 삼치를 올리고 양념장을 끼얹어가며
조린 뒤 그릇에 삼치를 담고 볶은 애호박을 곁들여
마무리.

삼겹살 김치찜

삼겹살 싫어하는 분들도 계실까요. 숙성된 김치에
양념하여 볶으면 짜잔! 메인 메뉴 완성이랍니다.

🥄 **필수재료** 삼겹살(300g), 익은 김치(300g), 양파(200g), 대파($\frac{1}{2}$대), 청양고추(2개)

🥄 **김치 밑간** 참기름(1) + 설탕(0.3)

🥄 **양념장** 맛간장(2) + 맛술(1) + 고춧가루(1) + 다진 마늘(1) + 생강즙(1) + 양파청(1)

🥄 **양념** 다시마물(2컵) + 참기름(1) + 통깨(1)

삼겹살은 두께 2cm, 너비 5cm 크기로 자른 후
흐르는 물에 한 번 씻고,

익은 김치는 먹기 좋은 크기로 썰어 밑간하고,

양파는 1cm 두께로 채 썰고, 대파와 청양고추는
어슷 썰고,

양념장을 만들고,

> 중간중간
> 양념장을 끼얹어가며
> 졸이도록 해요.

요리 tip 기호에 따라 익힌 김치를 사용해도 좋아요.

냄비에 준비된 재료를 넣고 다시마물을 가장자리에 붓고, 센 불에서
10분 정도 끓이다가 뚜껑을 덮고 중간 불에서 20분 정도 약 불에서 뜸 들이 듯
5분 정도 끓이고, 중간중간 양념장을 끼얹어가며 조려서 마무리.

코다리조림

적절한 양념과 손질만 더해지면 꼬들꼬들하고 맛있는
코다리조림을 즐길 수 있어요. 감자도 함께 볶아서
양도 충분하죠.

- 🥄 <u>필수재료</u> 코다리(300g), 감자(200g), 대파(약간), 식용유(약간)

- 🥄 <u>소금물</u> 물(3컵) + 소금(2)

- 🥄 <u>양념장</u> 다시마물(2컵) + 맛간장($\frac{1}{3}$컵) + 생강즙(2) + 도라지청(1) + 맛술(1) + 요리당(1) + 다진 파(1) + 다진 마늘(1) + 고춧가루(0.5) + 굴 소스(0.5)

- 🥄 <u>양념</u> 튀김가루(3) + 참기름(1)

 만들어보세요

코다리는 깨끗이 손질하여 4cm 크기로 자른 후 소금물에 넣어 30분 정도 두고,

양념장을 만들고,

감자는 도톰하게 썰어 찬물에 헹구고, 대파는 어슷 썰고,

찬물에 헹궈 물기를 뺀 코다리를 튀김가루에 묻혀 180℃로 예열한 기름에 튀기고,

오목한 팬에 감자를 깔고 양념장 반을 넣어 조리다가 튀긴 코다리와 남은 양념장, 참기름, 대파를 넣고,

뚜껑을 덮고 국물이 자작해지도록 조려 마무리.

요리 tip 코다리는 튀김가루를 묻히지 않고 물기만 제거한 후 튀겨도 좋아요.

양미리조림

쫀득쫀득하고 달짝지근한 양미리조림을 찾아오셨다면
맞습니다. 양미리조림 하나면 저녁 메뉴도 걱정이 없죠.
무를 넣어 시원한 맛도 두 배예요.

🍴 <u>필수재료</u> 양미리(10마리=약 250g), 무(200g), 대파(흰 부분 약 10cm)

🍴 <u>밑간</u> 맛술(1), 맛간장(1)

🍴 <u>양념장</u> 다시마물(2컵) + 맛간장(2) + 간 배(2) + 양파청(1) + 깨소금(2) + 고춧가루(1) + 다진 파(1) + 참기름(1) + 다진 마늘(0.5)

① 양미리는 머리와 꼬리를 자르고 깨끗이 씻어 밑간하고,

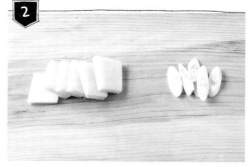

② 무는 먹기 좋은 크기로 썰고, 대파는 어슷 썰고,

③ 양념장을 만들고,

④ 냄비에 무를 깔고 양념장 반을 넣어 중간 불에서 5분 정도 끓이고,

⑤ 양미리, 대파, 남은 양념장을 올리고 약한 불에서 국물이 자작해지도록 조려 마무리.

요리 tip 양미리가 크면 반으로 잘라주세요

적배추 소고기찜

다진 소고기와
으깬 두부로 속을 한 뒤 재빨리
데쳐 낸 적배추에 싸맨 후 양념장에
찍어서 한 입. 보기만 해도 군침 돌지
않으신가요. 만들기도 간단하니
꼭 도전해보세요!

🍴 필수재료 적배추잎(중간잎, 10장), 두부($\frac{1}{2}$모), 다진 소고기(200g)

🍴 양념장 맛간장(2) + 굴 소스(1) + 다진 파(0.5) + 참기름(0.5) + 깨소금(0.5) + 다진 마늘(0.3) + 설탕(0.3) + 후춧가루(약간)

🍴 양념 다시마물($\frac{1}{2}$컵), 소금(0.3), 전분(0.3)

🍴 초간장 진간장(3) + 설탕(0.5) + 식초(1) + 고춧가루(0.5)

끓는 물에 소금을 넣고 적배추를 재빨리 데쳐 찬물에 헹궈 물기를 짜고,

두부는 으깨 물기를 짜고 다시마물($\frac{1}{2}$컵)에 전분(0.3)을 풀고,

양념장을 만들고,

다진 소고기에 으깬 두부와 양념장을 넣어 조물조물 무치고,

데친 배춧잎에 두부소고기 소를 한 숟가락 올리고 돌돌 말아 그릇에 담고,

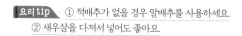

요리tip ① 적배추가 없을 경우 알배추를 사용하세요.
② 새우살을 다져서 넣어도 좋아요.

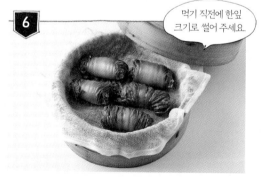

먹기 직전에 한잎 크기로 썰어 주세요.

김이 오른 찜솥에 배춧잎을 올리고 전분 푼 다시마물을 부어 중간 불에서 뚜껑을 닫고 20분 정도 찐 후 초간장을 곁들여 마무리.

달걀 버섯 장조림

버섯을 잘 안 먹는 아이들도 양념장에 조린 달걀과 함께
뚝딱 만들어 주면 언제 그랬냐는 듯이 젓가락질이 바빠져요.

🥄 필수재료 달걀(8개), 새송이버섯 (2개)

🥄 양념장 월계수잎(2~3장) + 통후추(10알) + 맛간장($\frac{1}{2}$컵) + 양지육수(5컵) + 올리고당(2)

🥄 양념 소금(2)

만들어보세요.

달걀에 물과 소금을 넣어 센 불에서 5분, 중간 불에서
7~8분 정도 삶아 찬물에 헹궈 껍질을 벗기고,

새송이버섯은 먹기 좋은 크기로 썰고,

양념장을 만들고,

냄비에 양념장을 붓고 중간 불에 올려 끓어오르면
달걀과 새송이버섯을 넣어 끓이고,

먹기 전에 썰어 참기름
한 방울 넣어 먹으면 좋아요.

양념장이 자작해지면 불을 꺼 마무리.

차돌박이 감자조림

한 끼 요리로도 손색없는
차돌박이 감자조림이에요.
알록달록 보기도 좋은 채소와
함께 조리니 보기만 해도
너무 예쁘네요.

🥄 **필수재료** 감자(2개), 차돌박이(300g), 홍피망($\frac{1}{4}$개), 데친브로콜리(100g), 깻잎(약간)

🥄 **밑간** 맛기름(1) + 맛간장(1)

🥄 **양념장** 간 배(1) + 맛간장(1) + 마늘즙(1) + 꿀(0.5) + 참기름(0.5)

🥄 **양념** 참기름(0.5), 깨소금(약간)

🥄 **소금물** 물(2컵) + 소금물(1)

만들어보세요

1

감자는 밥알의 2배 굵기로 썰어 소금물에 30분 정도
담그고,

2

삶은 감자의 겉 표면을
단단하게 해주기 위해
살짝 볶아요.

감자를 끓는 물에 넣고 삶은 뒤 밑간하여 팬에
살짝 볶고,

3

양념장을 만들고,

4

양념장에 차돌박이를 넣어 조물조물 무치고,

5

홍피망은 먹기 좋은 크기로 썰고, 브로콜리는
먹기 좋은 크기로 자른 후 살짝 데쳐 찬물에
헹군 후 맛기름을 두른 팬에 재빨리 볶고,

6

팬에 차돌박이를 넣어 볶다가 감자, 피망,
브로콜리를 넣고 볶은 다음 참기름, 깨를 넣고
깻잎을 채 썰어 올려 마무리.

전복갈비찜

그야말로 손님상의 끝판왕이 아닐까요. 전복갈비찜을 대접
받고 등 돌릴 손님은 없을 거예요. 산해진미들만 모아서 간
단한 양념으로 맛을 냈어요. 원기회복은 두말할 필요 없죠.

- 🥄 **필수재료** 전복(중간 크기, 4마리), 찜용갈비(1kg), 깐밤(10알), 대추(5알)
- 🥄 **고기 삶는 재료** 맛술(2) + 맛간장(2) + 양파즙(1) + 통마늘(10알) + 무(100g) + 대파 뿌리(30g)
- 🥄 **깐밤 삶는 재료** 소금(0.3) + 설탕(1) + 물(2컵)
- 🥄 **양념장** 간 오렌지(1컵) + 맛간장(5) + 간 배(2) + 다진 마늘(1) + 양파청(2) + 생강즙(0.3) + 후추(약간)

만들어보세요.

1 전복은 솔로 깨끗이 씻어 껍질에서 분리 후 전복 이빨을 제거하고 찜통에 넣어 30초 정도 찌고,

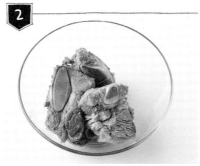

2 갈비는 깨끗이 씻어 찬물에 10분정도 담가 핏물을 제거한 뒤 끓는 물에 한번 튀한 다음 흐르는 물에 씻고,

3 고기 삶는 재료와 갈비는 물에 잠길 정도로 넣어 센 불에서 10분, 중간 불에서 10분 정도 삶고,

4 양념장을 만들고,

5 갈비에 양념장을 넣고 뚜껑을 덮어 자작해지도록 조리다가 전복을 넣어 1~2분간 조리고

6 밤은 깐밤 삶는 재료에 넣어 익힌 후 갈비찜 양념장을 부어 조리고,

7 대추는 씨를 뺀 후 4등분으로 썰어 팬에 살짝 볶고,

8 그릇에 밤과 대추를 담은 후 갈비찜과 전복을 함께 담아내어 마무리.

시금치 바지락볶음

애호박 조갯살볶음

삼치 카레구이

오징어볶음

낙지 양배추볶음

LA갈비 구이

주꾸미 미나리볶음

닭갈비

된장 소스를 곁들인 맥적

곤드레 버섯 불고기

곤드레나물 볶음

항정살 대파볶음

마른홍합 굴소스볶음

삼겹살 숙주볶음

돼지갈비양념구이

닭 떡볶이

콩고기볶음

잔멸치볶음

목이버섯 고추볶음

Part **5**

볶음, 구이

Start

{ 시금치 바지락볶음 }

제철 바지락은 꽉 찬 조갯살의 풍미를 느낄 수 있어 더욱 맛있
죠. 시금치 바지락볶음을 한번 맛보면 그 맛이 계속 떠오를 거
예요. 차려 놓은 음식만 봐도 미소가 절로 나오네요.

♟ 필수재료 바지락(300g), 시금치(200g), 마늘(10쪽), 홍고추(2개)

♟ 소금물 물(2컵) + 소금(1)

♟ 양념장 다시마물(4) + 맛술(2) + 소금(0.3) + 백후춧가루(약간)

♟ 양념 맛기름(1), 올리브유(1), 통깨(1), 참기름(0.3)

만들어보세요.

해감은 어두운
곳에서 하면 좋아요.

바지락은 소금물에 30분 정도 담가 해감하고,

해감한 바지락은 깨끗이 씻어 체에 받쳐 물기를 빼고,

시금치는 손질해 4 등분 한 뒤 깨끗이 씻어 체에
받쳐 물기를 빼고,

마늘은 얇게 썰고 홍고추는 곱게 채 썰고,

달군 팬에 맛기름, 올리브유(1)를 두르고 센 불에서
마늘과 바지락을 1분 정도 볶고,

바지락의 입이 벌어지면 시금치와 홍고추채,
양념장을 넣어 센 불에서 1~2분 볶다가 참기름(0.3)과
통깨를 뿌려 마무리.

요리 tip 시금치를 오래 볶으면 아삭한 식감이 사라지므로 재빨리 볶아 주세요.

애호박 조갯살볶음

부드러운 식감의 애호박에 조갯살을 넣어 씹는 맛을
살렸어요. 밑간한 조갯살이 간도 적당히 잡아내서 한
끼 반찬으로 제격이에요.

2인분

- 필수재료 애호박(1개), 조갯살(100g), 새우젓(0.5)
- 소금물 물(1컵)+고운 소금(1)
- 밑간 맛술(0.5) + 다진 마늘(0.3) + 백후춧가루(약간)
- 양념 맛기름(2) + 깨소금(1) + 참기름(0.5)

만들어보세요.

1

애호박은 길게 반 가르고 가운데 씨를 도려내 썰고,

2

애호박은 소금물에 약 30분 정도 절인 뒤 물기를 꽉 짜고,

3

조갯살에 밑간을 하고,

4

팬에 맛기름(2)을 두르고 양념한 조갯살을 넣어 볶다가 애호박, 새우젓을 넣고 재빨리 볶은 후 참기름과 깨소금을 넣어 마무리.

요리 tip 건새우나 다진 소고기를 사용해도 좋아요.

삼치 카레구이

삼치에 카레를 입혔어요! 잘 손질한 삼치에 카레 양념을
하면 생선 싫어하는 아이들도 쉽게 먹을 수 있어요.

🥄 **필수재료** 삼치(1마리), 전분(1), 맛기름($\frac{1}{4}$컵)

🥄 **반죽** 튀김가루($\frac{1}{2}$컵) + 물($\frac{1}{2}$컵) + 카레 가루(5)

·· 만들어보세요.

깨끗이 손질 한 삼치는 반으로 잘라 2~3 등분하여 옅은 소금물에 30분 정도 둔 후 물기를 빼고,

삼치에 전분(1)을 골고루 바른 뒤 탈탈 털어내고,

반죽에 삼치를 넣으면 형체가 흐트러질수 있어요.

반죽을 만들어 삼치에 잘 바르고,

팬에 맛기름을 두르고 중간 불로 삼치를 앞뒤로 노릇하게 구워 마무리.

요리 tip 카레 반죽은 쉽게 탈 수 있으므로 맛기름을 넉넉히 둘러 주세요.

오징어볶음

남녀노소 누구나 좋아하는 오징어볶음! 매콤한 그 맛에 밥
한 그릇 뚝딱하는 건 일도 아니죠. 좀 더 매콤하게 만드셔
도 좋아요.

🥄 필수재료 오징어(1마리=약 200g), 양파(½개=약 100g), 청양고추(2개), 대파(50g)

🥄 양념장 고춧가루(1) + 고추장(1) + 간 사과(2) + 맛간장(2) + 간 배(2) + 올리고당(2) + 고추기름(1) + 생강즙(1) + 다진 마늘(1) + 굴 소스(0.3) + 후춧가루(약간)

🥄 양념 참기름(1), 통깨(0.5)

만들어보세요

오징어 몸통 안쪽에 칼집을 내어야 말리지 않고 예쁘게 모양이 잡혀요.

오징어는 반으로 갈라 내장과 먹물을 제거한 뒤
굵게 사선으로 칼집을 내어 먹기 좋은 크기로 썰고,
다리는 가닥가닥 자르고,

오징어에 전분(1)을 넣어 묻히고,

양파는 굵게 채 썰고, 청양고추와 대파는 어슷 썰고,

양념장을 만들어 끓이고,

달군 팬에 양념장과 준비한 재료를 모두 넣어
센 불에서 재빨리 볶아 참기름, 통깨를 넣어 마무리.

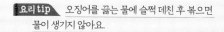 요리 tip 오징어를 끓는 물에 슬쩍 데친 후 볶으면
물이 생기지 않아요.

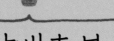

낙지 양배추 볶음

일반적으로 낙지볶음에
소면을 곁들이는데, 이번에는
양배추를 곁들여 드셔보세요.
섬유질이 풍부한 양배추가 소화를
돕고 매콤한 낙지 볶음이랑도
잘 어울려요!

🥄 **필수재료** 낙지(700g), 양배추(200g)

🥄 **양념장** 다시마물($\frac{1}{2}$컵) + 고운 고춧가루(3) + 맛간장(2) + 올리고당(1) + 간 파인애플(1) + 맛술(1) + 생강즙(1) +
다진 마늘(0.5) + 양파청(0.5) + 고추장(0.3) + 후춧가루(약간) + 소금(약간)

🥄 **양념** 굵은 소금(1), 전분(1), 맛기름(1), 고추기름(1), 참기름(1), 백후춧가루(약간), 통깨(약간)

만들어보세요.

다리의 끝 부분은
10cm 이상 잘라주세요.

낙지는 손질해 굵은 소금으로 바락바락 주물러
찬물에 깨끗이 씻어 먹기 좋은 길이로 썰고,

낙지는 너무 익으면
질겨지니 끓는 물에 넣었다가
바로 건져내세요.

끓는 물에 낙지를 소량씩 넣고 재빨리 데쳐 물기를
뺀 뒤 전분(1)을 묻히고,

양배추는 한 잎씩 떼어
굵은 줄기 부분을 제거한 뒤
곱게 채 썰어 준비해요.

양배추는 곱게 채 썰고,

팬에 맛기름(1)을 두르고 채 썬 양배추를 넣어 소금,
백후춧가루를 넣고 재빨리 볶아 그릇에 담아 식히고,

팬에 고추기름(1)을 두르고 양념장을 넣어 끓으면
센 불에서 낙지를 넣어 재빨리 볶은 후 참기름을 넣고,

양배추를 그릇에 담고, 볶은 낙지를 중앙에 담아
통깨를 뿌려 마무리.

요리 tip 주꾸미 볶음, 오징어 볶음에도 소면 대신 양배추를 사용해도 좋아요.

LA갈비 구이

LA 갈비의 핵심은 양념장에 맛있게 재워서 고기 속까지 양념을 속속들이 배게 하는 것이에요. 씹을수록 달콤한 그 맛이 배어나요. 오늘 저녁으로 달달하고 부드러운 LA 갈비 어떠세요.

🦴 **필수재료** LA갈비(1kg)

🦴 **밑간** 맛술(½컵), 참기름(1), 후춧가루(약간)

🦴 **양념장** 물(1컵) + 맛간장(1컵) + 간 배(4) + 간 사과(4) + 다진 양파(4) + 올리브유(3) + 다진 마늘(3) + 간 파인애플(3) +
황설탕(3) + 깨소금(3) + 요리당(2) + 맛술(2) + 후춧가루(0.5)

- 만들어보세요.

맛술 대신 레드와인이나
소주, 정종을 사용해도 좋아요.

LA갈비는 흐르는 물에 한 번 재빨리 씻어 물기를
뺀 뒤 밑간하고,

양념장을 만들어 중간 불에서 5분 정도 끓여
식히고,

갈비를 양념장에 넣어 5시간 정도 재우고,

팬에서 양념장을 끼얹어가며 고기를 구워 마무리.

요리tip 하루 정도 숙성하면 더욱 맛있어요.

주꾸미 미나리볶음

쫀득쫀득한 주꾸미에 아삭아삭한 미나리를 넣고 양념장에
후루룩 볶아 내면 뚝딱 완성! 미나리 특유의 향이 잘 어우
러져 더욱 맛있어요. 밥 두 그릇은 순식간이죠.

- 🥄 **필수재료** 주꾸미(500g), 미나리(200g), 양파($\frac{1}{2}$개=100g), 대파(30g)
- 🥄 **양념장** 고운 고춧가루(2) + 찹쌀가루(1) + 후춧가루(약간) + 맛간장(3) + 맛술(1) + 생강즙(1) + 굴 소스(0.5) + 고추기름(1) + 다진 마늘(1) + 고추장(1) + 간 사과(2)
- 🥄 **양념** 맛술(2), 참기름(1), 굵은 소금(1)

- 만들어보세요.

1

주꾸미가 크면 반으로 잘라주세요.

주꾸미는 먹물을 손질하고 굵은 소금을 넣어
바락바락 주물러 깨끗이 씻은 뒤 먹기 좋게 잘라
맛술(2)에 넣어 5분간 재우고,

2

미나리는 5cm 길이로 썰고, 양파는 굵게 채 썰고,
대파는 어슷 썰고,

3

양념장을 만들고,

4

봄 주꾸미로 요리 할 경우
먹물이 많이 나와 양념 색이 탁해질 수
있으니 머리를 따로 잘라 데친 다음
마지막에 넣고 재빨리 볶아 주세요.

팬에 주꾸미와 양념장을 넣고 볶다가 미나리, 양파,
대파를 넣고 익힌 뒤 참기름을 살짝 넣어 마무리.

닭갈비

포를 뜨듯 얇게 썬 닭고기를 양념장에 재워서 갖은 채소와
볶기만 하면 매콤달콤한 닭갈비가 완성돼요. 아이들이 닭
고기만 골라 먹지는 않는지 잘 지켜보세요.

🍴 **필수재료** 닭 다리살(400g), 양배추(100g), 고구마(150g), 당근(25g), 대파(1대)

🍴 **양념장** 물($\frac{1}{3}$컵) + 고춧가루(3) + 간 배(3) + 고추장(2) + 간 파인애플(2) + 맛술(2) + 사과청(1) +요리당(1) + 생강즙(2) + 맛간장(1) +
다진 마늘(1) + 참기름(1) + 카레가루(1) + 후춧가루(약간)

🍴 **양념** 고추기름(1)

── 만들어보세요.

닭은 포를 뜨듯이 얇게 어슷 썰고,

양배추는 굵게 썰고, 고구마와 당근은 반달로 썰고,
대파는 어슷 썰고,

양념장을 만들어 중간 불에서 5분 정도 끓여 식히고,

양념장에 닭을 넣어 1시간 정도 재우고,

팬에 손질한 재료와 양념한 닭갈비를 담고,

고추기름(1)을 넣고 볶다가 반 정도 익으면 뚜껑을
닫아 중간 불에서 재료가 익을 때까지 볶아 마무리.

요리 tip 닭갈비에는 떡볶이 떡, 삶은 라면 사리, 감자 등 다양한 채소를 넣어도 좋아요.

된장 소스를 곁들인 맥적

맥적은 돼지고기를 된장 양념에 재운 뒤 구워 만든 전통 요
리로, 된장 소스로 양념하고 파인애플과 부추를 넣어 달콤
한 맛과 식감을 살렸어요. 달달한 맛에 아이들부터 어른까
지 누구나 좋아하는 실패율 0% 메뉴예요.

142

4인분

👤 **필수재료** 돼지고기(목살, 300g), 파인애플(2쪽), 부추(50g)

👤 **밑간** 생강즙(2), 사과청(1)

👤 **양념장** 물(6) + 고춧가루(0.3) + 간 사과(2) + 된장(1) + 맛간장(1) + 간 파인애플(1) + 맛술(1) + 참기름(0.5) +
다진 파(0.3) + 다진 마늘(0.3) + 후춧가루(약간)

👤 **양념** 맛기름(1)

만들어보세요

> 사과청에 돼지고기를
> 밑간하면 잡냄새도 제거되고
> 육질도 부드러워져요.

돼지고기는 흐르는 물에 재빨리 씻어 물기를 빼고
칼등으로 앞뒤를 두드린 후 밑간하고,

양념장을 만들고,

> 180℃로 예열한 오븐에서
> 20분 정도 구워도 좋아요. 중간중간
> 양념장을 발라가며 구워요.

> 양념장이 타지 않게
> 주의하세요.

양념장에 돼지고기를 넣어 조물조물한 후
약 1시간 정도 재운 뒤 맛기름을 두른 팬에 양념장을
끼얹어가며 고기를 굽고,

파인애플은 앞뒤로 살짝 구워 먹기 좋은 크기로
썰고,

부추는 3cm 길이로 썰어 살짝 볶고,

돼지고기를 먹기 좋은 크기로 썬 뒤 그릇에
돼지고기, 부추, 파인애플을 보기 좋게 담아 마무리.

요리tip 양념한 돼지고기를 먹기 좋은 크기로 잘라서 구워도 좋아요.

곤드레 버섯 불고기

곤드레나물로 곤드레 버섯 불고기를 만들어보는 건 어떠세
요. 양지 육수로 끓이면 육수의 깊은 맛이 우러나와 더욱 맛
있고 건강한 요리를 만들 수 있어요.

🥄 **필수재료** 소고기(불고기용 200g), 삶은 곤드레(200g), 양지육수(500ml), 양파(100g), 대파(100g), 새송이버섯(100g),
느타리버섯(50g), 표고버섯(50g), 팽이버섯($\frac{1}{2}$봉) ⟍ 양지육수 만드는 법은 20p에서 확인해 보세요.

🥄 **양념장** 맛간장(4) + 간 배(2) + 간 양파(2) + 참기름(2) + 맛술(1) + 다진 마늘(1) + 요리당(1) + 후춧가루(약간)

1

양념장을 만들고,

2

소고기는 핏물을 제거한 뒤 양념장에 버무려
30분 정도 재우고,

3

삶은 곤드레는 깨끗이 씻어 물기를 짠 뒤 먹기 좋은
크기로 자르고,

4

양파는 굵게 채 썰고, 대파는 어슷 썰고,

5

새송이버섯은 반으로 썰고, 느타리버섯은 가닥가닥
떼고, 표고버섯은 모양대로 썰고, 팽이버섯은
반으로 자르고,

6

오목한 냄비에 버섯, 채소를 돌려 담고 소고기와
곤드레를 가운데 담은 후 양지육수를 부어 끓여
마무리.

요리tip 곤드레와 불고기를 양념장에 함께 볶은 후 끓이면 조리시간을 줄일 수 있어요.

곤드레나물 볶음

곤드레나물 향을 제대로 즐기고 싶다면 볶음으로 만들어
보세요. 들기름과 맛기름으로 곤드레를 달달 볶아 양념하
면 뚝딱 완성이에요.

🥄 필수재료 삶은 곤드레(300g)

🥄 양념장 양지육수(1컵) + 국간장(1.5) + 다진 마늘(0.5)

      ↪ 양지육수 만드는 법은 20p에서 확인해 보세요.

🥄 양념 들기름(2), 맛기름(1), 깨소금(1)

- 만들어보세요.

삶은 곤드레는 깨끗이 씻어 물기를 짠 뒤 먹기 좋은 크기로 자르고,

팬에 들기름(2)과 맛기름(1)을 둘러 곤드레를 달달 볶고,

양념장을 만들고,

볶은 곤드레에 양념장을 넣어 부드럽게 볶다가 깨소금(1)을 넣어 마무리.

요리tip 양지 육수가 없을 경우 다시마 물을 사용해도 좋아요.

항정살 대파볶음

항정살에 밑간하여 대파를 넣고 볶으면 훌륭한 저녁 메뉴로 일품이에요. 돼지 잡내는 대파와 양념으로 꽉 잡아서 잡내 걱정 없이 맛있게 먹을 수 있어요.

4인분

🔖 **필수재료** 돼지고기(항정살 300g), 대파(200g)

🔖 **항정살 밑간** 생강즙(2), 간 사과(2)

🔖 **양념장** 맛간장(2) + 고추장(2) + 고춧가루(1) + 양파즙(2) + 사과청(2) + 참기름(1) + 다진 마늘(1) +
다진 청양고추(2개) + 후춧가루(약간)

🔖 **양념** 고추기름(2), 깨소금(1)

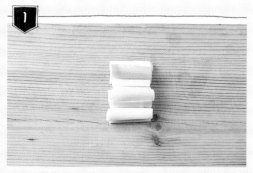

대파는 5cm 길이로 썰고,

항정살은 밑간하여 30분 정도 재우고,

양념장을 만들고,

양념장에 항정살을 넣고 고루 버무려 30분 정도
재우고,

고추기름(2)을 두른 팬에 항정살을 넣어 볶다가
익으면 대파를 넣고 살짝 볶아서 통깨를 뿌려 마무리.

마른홍합 굴 소스볶음

마른 홍합을 불려
굴 소스와 마늘로 볶아보세요.
훌륭한 밥반찬 뿐 아니라
맛있는 안주로도 손색이
없어요.

🥄 필수재료 마른 홍합(100g), 통마늘(10알)

🥄 양념장 다시마 물($\frac{1}{2}$컵) + 올리고당(2.5) + 생강즙(2) + 맛간장(1) + 굴 소스(1)

🥄 양념 맛기름(1), 참기름(1), 후춧가루(약간)

만들어보세요.

마른 홍합은 미지근한 물에 30분 정도 불리고,

마늘은 납작 썰고,

양념장을 만들고,

맛기름을 두른 팬에 마늘을 먼저 볶다가
노릇해지면 양념장을 붓고,

양념장이 끓으면 홍합을 넣고 양념이 자작해지도록
조리고,

국물이 거의 졸아들면 참기름(1)과 후춧가루를
뿌려 마무리.

삼겹살 숙주볶음

숙주는 볶으면 숨이 죽어 양을 많이 해도 적어 보이죠. 풍부하
게 많이 넣은 숙주를 재빨리 볶아내서 양념장에 버무린 삼겹살
을 올려 한 입 먹으면 균형이 꽉 잡힌 맛이 입 안에 가득해요.

4인분

- 🥢 필수재료 돼지고기(삼겹살 300g), 숙주(200g), 양파(100g), 대파($\frac{1}{4}$대)

- 🥢 밑간 생강즙(2), 맛술(1), 후춧가루(약간)

- 🥢 양념장 고춧가루(0.3) + 맛간장(1) + 참기름(1) + 고추장(3) + 간 사과(3) + 양파청(2) + 올리고당(1) + 다진 마늘(0.3) + 다진 파(0.3) + 후춧가루(약간)

- 🥢 양념 맛기름(1)

만들어보세요.

삼겹살은 4cm 크기로 썰어 밑간해 20분 정도 재우고,

센 불에서 재빨리 볶아야 아삭한 식감이 있어요.

깨끗이 씻은 숙주는 맛기름(1)을 두른 팬에서 재빨리 볶아내고,

양파와 대파는 채 썰고,

양념장을 만들고,

양념장에 삼겹살, 양파를 넣어 버무린 뒤 센 불에서 재빨리 볶아내고,

볶은 숙주 위에 볶은 삼겹살을 올린 뒤 파채를 올려 마무리.

요리 tip 종류가 다른 돼지고기를 이용하여 요리 할 때는 얇게 썰어 조리해 보세요.

돼지갈비 양념구이

양념장에 갈비를 재워 자작하게 조리기만 하면 손쉽게 만들 수 있어요. 기호에 따라 매콤하고 혹은 달콤하게 조리해보세요.

만들어보세요

4인분

🍖 **필수재료** 돼지갈비(600g)

🍖 **양념장** 물(4컵) + 맛간장(½컵) + 간 사과(½컵) + 맛술(3) + 통마늘(100g) + 양파(100g) + 대파(50g) + 통생강(30g) +
통후추(5g) + 마른 고추(3개)

🍖 **삶는재료** 파뿌리(30g) + 대파(100g) + 통마늘(5쪽) + 양파(100g) + 생강(50g) + 통후추(약간) + 맛술(¼컵) + 물(잠길 정도)

양념장 재료를 모두 넣고 중간 불에서 20분 정도
끓인 다음 체에 거르고,

돼지갈비는 5cm 길이로 자른 후 찬물에 담가
10분 정도 핏물을 뺀 후 깨끗이 씻어 한번 튀하고,

삶는 재료에 양념장(2)과 튀한 돼지갈비를 넣어
뚜껑을 닫고 중간 불에서 20분 정도 끓이고,

고기만 건져 양념장을 넣어 자작하게 조린 후
참기름, 깨를 넣어 마무리.

요리 tip 단맛은 기호에 따라 적절히 가감해 주세요.

닭 떡볶이

닭고기를 곁들여
떡볶이를 만들면
균형 잡힌 한 끼 식사를
완성할 수 있어요.

4인분

🥄 **필수재료** 닭다리살(200g), 떡볶이떡(200g), 양배추(100g), 어묵(1장), 대파(20g), 양파(20g)

🥄 **양념장** 다시마물(1컵) + 고춧가루(0.5) + 설탕(1) + 찹쌀가루(0.5) + 맛술(1) + 맛간장(0.5) + 고추장(3) + 쌀엿(1) + 다진 마늘(0.3)

🥄 **양념** 맛술(1)

만들어보세요.

1

닭다리살은 먹기 좋은 크기로 잘라 깨끗이 씻은 뒤
맛술에 밑간하고,

2

떡볶이떡은 끓는 물에 살짝 데치고,

3

양배추, 어묵, 대파, 양파는 한입 크기로 자르고,

4

양념장을 만들고,

5

오목한 팬에 양념장을 넣어 끓으면 닭다리살을
먼저 넣어 익히다가, 떡과 재료를 넣고 국물이
자작해지도록 끓여서 마무리.

요리 tip 떡국 떡을 넣어 주어도 좋아요

콩고기볶음

콩고기를 끓는 물에
살짝 데친 후 흑임자 가루로
고소하고 달콤하게 맛을 낸 양념장에
셀러리를 곁들여 볶아내면
쫄깃하고 고소한 콩고기를
드실 수 있어요

4인분

🥄 **필수재료** 콩고기(콩단백 50g), 셀러리(100g)

🥄 **밑간** 맛술(1), 참기름(1)

🥄 **양념장** 흑임자가루(2) + 맛간장(2) + 참기름(1) + 쌀엿(0.5) + 소금(0.3) + 다진 마늘(0.3) + 후춧가루(약간)

🥄 **양념** 올리브유(2)

------- 만들어보세요

콩고기는 끓는 물에 1~2분 정도 끓인 뒤 깨끗이
씻어 물기를 슬쩍 짜 밑간하고,

셀러리는 겉껍질을 벗겨 3cm 길이로 자른 뒤,
먹기 좋은 크기로 썰고,

양념장을 만들고,

올리브유(2)를 두른 팬에 셀러리와 콩고기를 넣고
볶다가, 양념장을 넣고 센 불에서 재빨리 볶아 마무리.

요리 tip 콩고기를 오래 불리면 쫀득한 맛이 없으므로 시간을 지켜주세요.

잔멸치볶음

반찬 계의 스테디셀러, 필수 반찬 상위권에 드는 인기 만점
잔멸치 볶음이에요. 간단하게 양념하고 볶은 멸치에 잣과
통깨만 넣으면 일주일 치 반찬 걱정이 없어져요.

- 🥄 필수재료 잔멸치(100g), 잣(50g)
- 🥄 양념장 황설탕(2) + 맛간장(1)
- 🥄 양념 맛기름(5), 통깨(1), 참기름(0.5)

만들어보세요

멸치를 체에 담아 흐르는 물에 재빨리 씻어주세요.

잔멸치는 이물질을 체에 걸러내고 흐르는 물에 재빨리 씻어 물기를 빼고,

중간 불로 달군 팬에 멸치를 넣고 타지 않게 볶아 수분을 날리고,

양념장을 만들고,

멸치 수분이 없어지면 맛기름을 넣어 볶고,

요리 tip 고추를 채 썰어 넣어 볶아도 좋아요.

불조절을 해주어야 해요.

양념장을 넣어 바삭하게 볶다가 잣과 통깨, 참기름을 넣어 마무리.

목이버섯 고추볶음

청양고추로 2% 아쉬운
매운맛까지 더해 심심한
입안을 달래는 목이버섯
고추볶음이에요.

🍴 <u>필수재료</u> 불린 목이버섯(200g), 마늘(10쪽), 양파(¼개), 청양고추(4개)

🍴 <u>양념</u> 참기름(1)

🍴 <u>양념장</u> 간장(1) + 다시마물(2) + 맛술(0.5) + 굴 소스(1)

만들어보세요.

목이버섯은 기둥을 떼어내고 깨끗이 씻어 체에 밭쳐
물기를 빼고,

마늘은 얇게 썰고, 양파는 채썰고, 청양고추는
어슷썰고,

양념장을 만들고,

중간불로 달군 팬에 식용유를 두르고 목이버섯을
볶다가 청양고추, 양파, 마늘을 넣어 함께 볶고,

요리 tip　고추기름에 볶아도 맛있어요.

양념장을 넣어 충분히 스며들 때까지 볶다가
참기름을 넣어 마무리.

PART 5 볶음, 구이　163

Part **6**

전, 튀김

Start

애호박 소고기전

부드럽고
달콤한 애호박에
다진 소고기를 곁들여
전으로 드셔보세요.

2인분

🥄 필수재료 애호박(1개), 소고기다짐육(100g)

🥄 애호박밑간 소금(0.3) + 백후추(약간)

🥄 소고기밑간 맛간장(1) + 설탕(0.2) + 참기름(0.5) + 다진마늘(0.3) + 간 배(0.5) + 후추(약간)

🥄 양념 밀가루($\frac{1}{2}$컵), 녹말가루($\frac{1}{2}$컵), 달걀(1개), 맛기름(3)

- 만들어보세요

1

애호박은 0.5cm 두께로 썰어 밑간에 재우고,

2

두부, 당근, 양파를 곱게 다져 넣어도 좋아요.

소고기 다짐육은 밑간에 재우고,

3

물기를 제거한 애호박 한쪽면에 녹말가루를 묻히고 소고기를 얇게 펴 발라 애호박을 붙이고,

4

달걀물을 입혀 물만 입힐 정도로 털어 부치면 예쁘게 부칠 수 있어요.

애호박 양쪽면에 밀가루를 살짝 묻혀 달걀물을 적셔 맛기름을 두른 팬에 부쳐서 마무리.

느타리버섯적

쪽파, 우둔살, 느타리버섯 순으로 꽂고 부치기만 하면 맛 있는 느타리버섯적 완성! 아이들과 같이 만들면서 직접 요 리를 만드는 재미를 가르쳐보세요.

4인분

🥄 필수재료 쪽파(8대), 소고기(우둔살 100g), 느타리버섯(200g), 달걀(2개), 맛기름(적당량)

🥄 느타리버섯 밑간 소금(약간), 백후춧가루(약간)

🥄 우둔살 밑간 맛간장(1) + 참기름(1) + 맛술(1) + 간 파인애플(0.5) + 후춧가루(약간)

🥄 양념 맛기름(2)

만들어보세요.

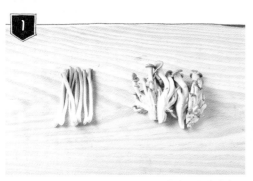

쪽파는 느타리버섯은 세로 5cm 길이로 자르고,

고기 결 반대 방향으로
썰면 부드러워요.

우둔살은 가로 2cm × 세로 5cm × 두께 0.5cm의
막대 모양으로 자르고,

느타리버섯과 우둔살은 각각 밑간하고,

꼬치에 버섯, 쪽파, 고기, 쪽파, 고기, 버섯 순으로
끼우고,

달걀물을 살짝 입히고 팬에 맛기름을 넉넉히
두르고 노릇하게 부쳐서 마무리.

미나리 꼬막전

아삭하고 향긋한 미나리에 쫄깃한 꼬막을 듬뿍 넣어 전을
부치면 색다른 전을 만들 수 있어요. 막걸리가 절로 생각나
실 거예요. 안주로도 딱이에요.

4인분

🔖 <u>필수재료</u> 꼬막(500g, 데친 꼬막살 약 150g), 손질 한 미나리(150g), 청양고추(2개), 홍고추(1개), 맛기름(적당량)

🔖 <u>반죽</u> 다시마물(1컵) + 부침가루($\frac{1}{4}$컵) + 찰 밀가루($\frac{1}{2}$컵) + 전분($\frac{1}{4}$컵)

만들어보세요.

꼬막은 데쳐 꼬막살을 껍질을 떼고,

두부, 당근, 양파를 곱게 다져 넣어도 좋아요.

미나리는 5cm 길이로 썰고, 청양고추와 홍고추는 씨를 제거한 후 곱게 채 썰고,

반죽을 만든 뒤 손질한 재료를 넣어 섞고,

전을 부칠 때 기름이 넉넉해야 바삭하며 맛이 있어요.

팬에 맛기름을 넉넉히 두르고 한 국자씩 떠 넣어 노릇하게 부쳐 마무리.

요리 tip ① 초간장을 곁들이면 더욱 맛있어요.
② 불 조절을 잘 해주어 미나리의 아삭함을 더해주세요!

옥수수 완두콩전

완두콩, 옥수수 캔 하나로 부침가루와 섞고 부치기만 하면
순식간에 완성이에요. 옥수수를 듬뿍 넣으면 식감이 더욱
좋아요.

🧂 **필수재료** 통조림 완두콩(1캔=400g), 통조림 옥수수(1캔=340g), 맛기름(적당량)

🧂 **반죽** 부침가루($\frac{1}{2}$컵) + 밀가루($\frac{1}{4}$컵) + 전분($\frac{1}{4}$컵)

만들어보세요

통조림 완두콩은 체에 밭쳐 물기를 뺀 뒤 믹서에
곱게 갈고,

통조림 옥수수는 체에 밭쳐 물기를 빼고,

곱게 간 완두콩에 옥수수와 반죽 재료를 넣어
반죽을 하고,

약한 불로 조절하며
전을 부쳐야해요.

팬에 맛기름을 두른 후 반죽을 한입 크기로
노릇하게 부쳐 마무리.

요리 tip ① 물이 들어가면 반죽이 질어져 맛이 없어요.
② 반죽 농도를 되직하게 해야 해요. (물은 사용하지 않아요.)

매생이 새우살전

매생이를 곱게 다져 새우살과 함께 부쳐보세요 홍고추를
넣어 매운맛도 보충하고 새우를 위에 얹어 모양도 너무 예
쁩답니다.

4인분

🥄 필수재료 매생이(200g), 칵테일새우(중간 크기, 200g), 홍고추(1개), 맛기름(약간)

🥄 반죽 다시마물($\frac{1}{2}$컵) + 부침가루($\frac{1}{2}$컵) + 전분($\frac{1}{4}$컵) + 참기름(1)

🥄 양념 참기름(1)

--------------- 만들어보세요.

깨끗이 씻은 매생이는 체에 밭쳐 물기를 빼 잘게 자르고,

홍고추는 모양대로 썰고,

참기름을 넣으면 매생이 특유의 향을 잡아주어요.

반죽을 만들어 참기름(1)과 매생이를 고루 섞고,

팬에 맛기름을 넉넉히 두르고 반죽을 한 수저씩 떠올린 뒤 새우와 홍고추를 모양있게 올려 매생이 색을 살리며 부쳐 마무리.

요리 tip ① 생굴이나 오징어를 잘게 다져 전을 부쳐도 좋아요.
② 참기름을 넣어 부치면 매생이 특유의 향을 잡아주어요.

부추 풋고추 장떡

어렸을 적 많이 먹었던 장떡이죠. 부추와 풋고추를 송송 썰어 넣어 부쳐보세요.

4인분

🥄 필수재료 부추(100g), 풋고추(10개), 맛기름(약간)

🥄 반죽 얼음물(1컵) + 부침가루(1컵) + 밀가루($\frac{1}{4}$컵)+전분($\frac{1}{4}$컵)+고추장(2)

부추는 깨끗이 씻어 물기를 뺀 후 3cm 길이로 썰고,

풋고추는 반으로 갈라 어슷 썰고,

반죽을 만들어 부추와 풋고추를 넣어 섞고,

팬에 맛기름을 넉넉히 두르고 노릇하게 부치고,

부친 부추고추장떡을 돌돌 말아 마무리.

요리 tip ① 오징어를 가늘게 썰어 넣어도 좋아요.
② 돌돌 말아서 썰면 모양도 예쁘게 먹을 수 있어요.

시래기 도토리 된장전

삶은 시래기에 쪽파 넣고
된장을 푼 반죽에 도토리 가루를
넣어 부치면 도토리 특유의
쌉싸래한 맛이 가미되어 맛있게
먹을 수 있어요.

🥄 필수재료 삶은 시래기(300g), 쪽파(50g), 맛기름(약간)

🥄 반죽 다시마 물(1.5컵) + 부침가루(1컵) + 전분($\frac{1}{4}$컵) + 도토리가루(2) + 된장(1) + 참기름(0.5)

삶은 시래기는 겉껍질을 벗겨 깨끗이 씻어 물기를 꽉 짠 뒤 2~3cm 길이로 썰고,

쪽파는 3cm 길이로 썰고,

반죽을 만들어 시래기와 잘 섞고,

팬에 맛기름을 넉넉히 두르고 노릇하게 부쳐서 마무리.

요리 tip
① 기호에 따라 반죽에 매실청(1)을 추가해도 좋아요.
② 도토리가루 대신 메밀가루를 넣어도 좋아요.
③ 소고기 다짐육을 사용해도 좋아요.

깻잎전

향긋한 깻잎에 고기소를 넣고 달걀 물을 입혀 부쳤어요. 한 입 베어 물 때마다 가득 퍼지는 깻잎 향에 미소가 지어지는 깻잎전이에요.

🍶 <u>필수재료</u> 깻잎(10장), 다진 소고기(150g), 두부(50g), 당근(20g), 달걀(2개), 밀가루(적당량), 맛기름(약간)

🍶 <u>소고기 밑간</u> 맛간장(3) + 참기름(1) + 깨소금(1) + 다진 파(1) + 다진 마늘(0.5) + 후춧가루(약간)

만들어보세요.

1

당근은 곱게 다지고, 두부는 으깨어 물기를 꽉 짜고,

2

고기는 당근과 두부를 넣고 밑간하여 많이 치대고,

3

깻잎의 거친 면에 밀가루를 살짝 묻혀 고기를
한 입 크기로 올린 뒤 반을 접고,

4

밀가루를 골고루 묻힌 뒤 탈탈 털어 달걀물을
입히고,

요리 tip 깻잎전을 부칠 때 수분이 생기므로 앞뒤를 살짝
눌러가면서 부쳐주세요

5

팬에 맛기름을 넉넉히 두르고 노릇하게 부쳐 마무리.

도토리전

곱게 채 썬 당근, 깻잎,
애호박에 도토리 가루를 넣은
반죽으로 도토리전을 만들었어요.
간장에 가볍게 찍어 먹으면
반찬이나 안주로도 딱이에요.

🥄 필수재료 당근(30g), 깻잎(10장), 애호박(1개), 맛기름(약간)

🥄 반죽 물(1컵) + 도토리가루(1컵) + 밀가루($\frac{1}{4}$컵) + 전분($\frac{1}{8}$컵) + 달걀 흰자(2개) + 소금(0.5)

- 만들어보세요.

당근, 깻잎, 애호박은 곱게 채 썰고,

반죽을 만들어 손질한 채소를 넣어 섞고,

팬에 맛기름을 넉넉히 두르고 얇게 부쳐 마무리.

요리 tip ① 팬에 반죽을 올려 얇게 부쳐야 맛이 있어요.
　　　　　② 도토리는 탄닌 성분이 많아 변비를 유발할 수 있어서 적당히 섭취하는 게 좋아요.

오징어 튀김

흔한 오징어튀김이라고 생각하면 오산이에요. 깻잎을 곱게
채 썰어 반죽에 넣으니 심심했던 풍미도 살아나고 식감도
높아졌어요. 깻잎 싫어하는 아이들도 잘 먹어요.

🥄 필수재료 오징어(300g), 깻잎(1묶음), 식용유(약간)

🥄 물 반죽 얼음물(1컵) + 튀김가루($\frac{1}{2}$컵) + 전분($\frac{1}{2}$컵)

🥄 가루 반죽 튀김가루($\frac{1}{2}$컵), 전분($\frac{1}{2}$컵)

만들어보세요.

껍질을 벗길 때 굵은 소금 혹은 키친타올을 사용하면 편리해요.

오징어는 껍질 벗겨 보통 굵기로 채 썬 뒤 재빨리 데쳐 물기를 빼고,

깻잎은 곱게 채 썰고,

물 반죽을 하여 오징어와 깻잎을 넣어 섞고,

재료를 가루 반죽에 넣어 섞고,

굵은 소금이나 반죽을 떨어뜨렸을 때 2~3초 뒤 떠오르면 온도가 180℃ 정도에요.

요리tip ① 맥주를 소량 넣어 부치면 더욱 바삭한 반죽 튀김이 되어요.
② 튀김 온도를 일정하게 맞추는 것이 중요해요.

180℃로 예열한 식용유에 한입 크기씩 넣고 노릇하게 튀겨 마무리.

표고탕수

오늘 저녁은 탕수육이라며
아이들을 식탁으로 불러보세요.
표고버섯이 고기의 식감처럼
쫄깃하고 맛있어서 편식하는
아이들이나 채식주의자들에게
좋은 요리예요.

4인분

- 필수재료 불린 표고버섯(중간 크기 15장), 당근(50g), 목이버섯(5g)
- 양념장 다시마물(1.5컵) + 식초(3) + 맛간장(2) + 올리고당(2) + 사과청(2) + 후추(약간)
- 물 반죽 물(1컵) + 튀김가루(1컵) + 전분($\frac{1}{4}$컵)
- 녹말 물 전분(2) + 물(2)
- 양념 전분(2), 참기름(0.5)

만들어보세요.

1

불린 표고버섯은 밑동을 제거하고 깨끗이 씻어 물기를 꽉 뺀 뒤 반으로 잘라 전분(2)을 묻히고,

2

굵은 소금이나 반죽을 떨어뜨렸을 때 2~3초 뒤 떠오르면 온도가 180℃ 정도예요.

물 반죽에 표고를 넣어 살짝 묻혀 180℃로 달궈진 식용유에 타지 않게 재빨리 튀겨내고,

3

당근은 반달 썰기하고, 목이버섯은 따뜻한 물에 불려 밑동의 돌기 부분을 제거하고,

4

양념장을 만들어 끓이다가 당근과 목이버섯을 넣고 전분 물을 풀어 되직한 정도로 농도를 조절한 후 한번 끓어오르면 불을 끄고 참기름을 두르고,

5

그릇에 튀긴 표고버섯을 담고 탕수 소스를 부어서 마무리.

요리 tip ① 흰 목이버섯을 넣어도 좋아요.
② 브로콜리를 넣어도 좋아요.

육전

얇게 저민 소고기를 칼등으로 살살 두들겨 재우고
새콤한 겨자 잣 소스에 대파와 깻잎을 곁들여 느끼함까지
꽉 잡았어요.

- 🧂 **필수재료** 소고기(홍두깨살 300g), 대파(흰 부분, 10cm), 깻잎(10장), 달걀(2개)
- 🧂 **밑간** 간 배(2) + 맛간장(2) + 참기름(1) + 후춧가루(약간)
- 🧂 **겨자잣 소스** 잣가루(2) + 간 파인애플(2) + 식초(2) + 연겨자(1) + 꿀(0.5) + 소금(약간)
- 🧂 **양념** 부침가루(1컵) + 맛기름(1)

만들어보세요.

1

소고기는 7cm×7cm×0.3cm 크기로 썰어
키친타월로 핏물을 제거하고,

2

소고기의 가장자리가 오그라들지 않도록 칼등으로
살살 두들긴 뒤 밑간하여 20분 정도 두고,

3

> 대파는 3등분하여
> 가운데 칼집을 낸 후 곱게
> 채썰어 주세요.

대파 흰 부분과 깻잎은 곱게 채 썰고, 달걀은 풀어
체에 거르고,

4

소고기에 부침가루를 앞뒤로 묻힌 뒤 탈탈 털고,
달걀물을 입히고,

5

맛기름을 두른 팬에 앞뒤로 노릇하게 굽고,

6

겨자잣 소스를 만들고, 그릇에 소고기와 손질한 재료를
보기 좋게 담은 후 겨자잣 소스를 곁들여 마무리.

요리 tip ① 중불, 약불로 불 조절을 하면서 전을 부쳐야 해요.
② 소고기는 두께를 맞춰서 썰어주세요.

김치전

신김치와 쪽파, 돼지고기 넣고 반죽에 휘휘 저어 부치면 순
식간에 맛있는 김치전 완성! 김치는 맛있게 익은 신김치를
사용하세요.

4인분

🥄 필수재료 신김치(100g), 쪽파(30g), 다진 돼지고기(50g), 맛기름(약간)

🥄 반죽 물($\frac{1}{2}$컵) + 밀가루($\frac{1}{4}$컵) + 부침가루($\frac{1}{4}$컵)

--- 만들어보세요

김치는 국물을 슬쩍 짠 뒤 2cm 길이로 썰고, 쪽파는
3cm 길이로 자르고,

반죽을 만들고,

소고기 다짐육이나
해물을 넣어 부쳐도 좋아요.

반죽에 김치와 다진 돼지고기, 쪽파를 넣어 섞고,

팬에 맛기름을 넉넉히 두른 뒤 노릇하게 부쳐 마무리.

요리 tip 익은 김치의 정도는 기호에 따라 선택하세요.

Part 7

김치, 장아찌

Start

배추김치

이 세상 모든 맛의 가짓수는
이 세상의 어머니들의 수와 같다' 영화
'김치전쟁'에서 다양한 김치를 소개할 때
나왔던 대사에요. 집마다 고유의 김치맛을
가지고 있는 것이 너무도 행복하지만
가장 기본적이고 확실한 맛을 내는
배추김치 만드는 법을
소개해드릴게요.

- 필수재료 배추(1포기 약2.5kg), 무(200g), 쪽파(100g)
- 소금물 물(2.5ℓ), 굵은 소금(250g)
  배추를 절일 때는 배추 : 물 : 소금 = 1 : 1 : 0.1을 기억하세요
- 양념장 고춧가루(1컵) + 액젓(½컵) + 다시마물(4) + 황태육수(4) + 간 배(4) + 다진 마늘(4) + 생강즙(3) +
  새우젓(3) + 설탕(3) + 양파즙(2) + 양파청(1)

만들어보세요.

배추는 겉잎을 떼어 내고 밑동을 손질한 후, 반으로 잘라 밑동 쪽에 ⅓ 정도 칼집을 넣어 배추가 잠길 정도의 소금물에 넣었다가 소금물이 스며들면 반으로 쪼개고,

배춧잎 사이사이에 소금(½컵)을 뿌린 다음, 나머지 배추도 동일한 방법으로 절이고,

절인 배춧잎을 조금 뜯어 맛을 본 후, 짠 맛이 강하면 찬물에 1시간 정도 담갔다가 깨끗이 씻어 채반에 밭쳐 물기를 빼세요.

절인 배추는 깨끗이 씻어 물기를 빼고,

무는 채 썰고, 쪽파는 3cm 길이로 썰고,

양념장을 만들어 무채와 쪽파를 섞은 뒤 30분 정도 재워 두고,

배춧잎 사이사이에 양념장을 펴 바른 뒤 겉잎으로 잘 감싸 밀폐용기에 담아 마무리.

요리tip ① 상온에서 하루 정도 둔 뒤 냉장고에 보관하고 기호에 따라 숙성하여 드세요.
② 배추를 절일 때 봄에는 8~10시간, 여름에는 5시간, 가을에는 8~10시간, 겨울에는 12시간 둔 후 깨끗이 씻으세요.

마른오징어 쪽파김치

마른오징어를 살짝 불려 쪽파와 양념장에 무쳐 김치로 만들면 오독오독 씹히는 식감이 한입 베어 물 때마다 살아나요. 쪽파를 마른오징어와 함께 예쁘게 말아 손님상에 내어 놓아도 잘 어울려요.

196

♟ 필수재료 깐 쪽파(500g), 마른 오징어(몸통 1마리), 무(300g), 배(100g), 액젓($\frac{1}{2}$컵)

♟ 양념장 고춧가루(1컵) + 다시마물(1컵) + 찹쌀풀(1컵) + 새우젓(3) + 매실청(3) + 간 양파(2) + 다진 마늘(1) + 생강즙(1) + 쌀엿(1)

깐 쪽파는 깨끗이 씻어 액젓에 절이고,

마른 오징어는 미지근한 물에 10분간 불려
1×5㎝ 길이로 자르고,

무와 배는 채 썰고,

양념장을 만들어 채 썬 무와 배, 마른 오징어를 넣어
잘 섞고,

통에 절여진 쪽파를 소량씩 깔고 그 위에 양념장,
쪽파, 양념장 순으로 반복하고,

준비된 재료를 김치 통에 꼭꼭 눌러 마무리.

요리 tip ① 쪽파를 절인 액젓물은 양념장에 넣어주세요.
② 상온에 하루 둔 후 냉장고에 넣어 기호에 따라 숙성하여 드세요.
③ 먹기 좋은 크기로 잘라 드세요.

대파김치

겨울이 제철인 대파는 가장 단맛이 높고 맛있을 때 김치로
만들면 대파김치의 제맛을 느낄 수 있죠. 고춧가루와 액젓,
매실청, 마늘을 넣고 만든 양념장에 잘 버무려 며칠 숙성하여
먹을 수 있어요.

- 🥄 필수재료 대파(흰 부분 600g)
- 🥄 소금물 물(2컵), 굵은 소금(2)
- 🥄 양념장 고춧가루(4) + 액젓(2) + 매실청(1) + 다진 마늘(0.3)

만들어보세요.

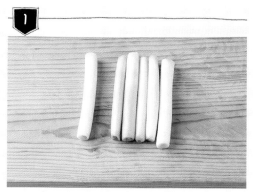

대파는 10cm 길이로 자르고.

소금물에 20분 정도 절여 깨끗이 씻은 후 채반에 받쳐 물기를 빼고,

양념장을 만들고,

대파를 넣고 버무린 뒤 통에 담아 마무리.

요리 tip ① 대파김치를 먹기 좋은 크기로 잘라 드세요.
② 대파김치는 상온에서 하루 정도 둔 뒤, 냉장고에 보관하여 2주일 후부터 먹으면 좋아요.

깻잎김치

깻잎무침? 아닙니다. 밥도둑의 신흥 강자 깻잎김치에요. 향
긋한 깻잎을 조개젓을 넣은 양념장에 버무려 숙성시키면
깊은 맛이 배어나요. 밥반찬으로 이만한 게 없죠.

🥄 필수재료 깻잎(20묶음=약 200장), 무(100g), 대파 흰부분(100g), 홍고추(3개), 배(100g)

🥄 양념장 찹쌀풀(3컵) + 고춧가루(1컵) + 액젓($\frac{1}{2}$컵) + 사과청(3) + 통깨(3) + 매실청(3) + 새우젓(3)+조개젓(3) + 다진 마늘(3)

만들어보세요

무, 대파, 홍고추, 배는 가늘게 채 썰고,

양념장을 만들고,

양념장에 채 썬 재료를 모두 넣어 섞고,

깻잎 2장마다 양념장을 조금씩 발라가며
밀폐용기에 켜켜이 담아 마무리.

오이고추 물김치

아삭아삭하고 시원한 오이고추를 물김치로 만들었어요. 소
금물에 가볍게 절여 무, 배, 홍고추를 넣고 김칫국물에 담가
놓으면 씹을 때마다 양념이 입 안 가득 시원하게 퍼져요.

202

- **필수재료** 오이고추(20개), 무(200g), 배(50g), 홍고추 (1개), 부추(50g)
- **소금물** 물(1ℓ), 소금($\frac{1}{4}$컵)
- **양념장** 매실청(2) + 사과청(2) + 액젓(2)+고추씨(2) + 마늘즙(2) + 새우젓 국물(1) + 생강즙(0.5)
- **김칫국물** 다시마물(6컵) + 찹쌀가루(2) + 소금(0.5) + 양파청(3) + 간 배(3) + 액젓(2) + 마늘즙(2)

만들어보세요.

1

오이고추는 양쪽 끝부분 1cm 정도를 남기고
가운데에 칼집을 내고,

2

소금물에 오이고추를 넣고 30분 정도 절여 한 번
씻은 뒤 소쿠리에 밭쳐 물기를 빼고,

3

무, 배, 홍고추는 3cm 길이로 채 썰고,
부추는 3cm 길이로 썰고,

4

양념장을 만들고,

5

양념장에 손질한 재료를 넣어 섞고,

6

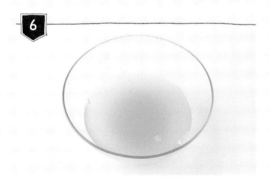

김칫국물을 만들고,

7

오이고추 칼집 사이로 소를 꼭꼭 넣은 뒤
밀폐용기에 담고 김칫국물을 부어 마무리.

요리 tip ① 상온에 하루 둔 후 냉장고에 넣어 기호에 따라 숙성하여 드세요
② 다시마물에 찹쌀가루를 넣고 끓인 뒤 식혀서 사용하세요

설렁탕 깍두기

혹시 설렁탕집에 깍두기
드시러 가는 분들 계시면 여기
주목하세요. 일반 김치 양념보다는
간이 다소 강하지만 국물과 함께
먹으면 일품이에요.

🗝 필수재료 무(1kg)

🗝 절임재료 설탕($\frac{1}{2}$컵), 소금($\frac{1}{4}$컵)

🗝 양념장 고춧가루($\frac{1}{4}$컵)+액젓(3)+새우젓(2)+도라지청(2)+양파청(2)+다진 마늘(1)+생강즙(1)

만들어보세요.

무는 1.5cm×5cm×1.5cm 크기로 썰고,

절임재료에 무를 넣어 5시간 정도 절인 뒤
흐르는 물에 재빨리 씻어 소쿠리에 밭치고,

절여진 무에 물주머니를 올려 1시간 정도 물기를
빼고,

양념장을 만들고,

요리tip 설렁탕 깍두기는 상온에서 하루 정도 둔 후, 냉장고
에 넣어 기호에 따라 숙성하여 드세요.

양념장에 절인 무를 넣고 버무려 밀폐용기에 담아
마무리.

적배추 고추씨 물김치

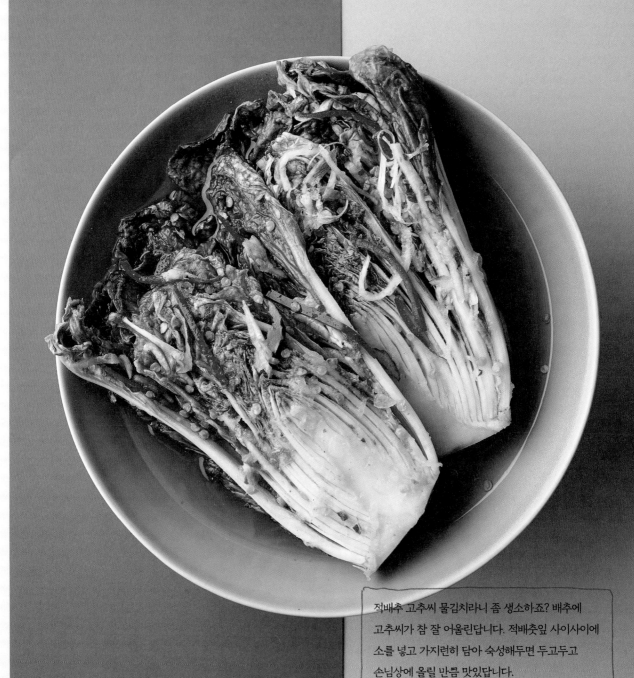

적배추 고추씨 물김치라니 좀 생소하죠? 배추에
고추씨가 참 잘 어울린답니다. 적배춧잎 사이사이에
소를 넣고 가지런히 담아 숙성해두면 두고두고
손님상에 올릴 만큼 맛있답니다.

🥄 **필수재료** 적배추(1포기=약2.2kg), 무(300g), 배(250g), 홍고추(3개), 대파(80g), 대추(10알)

🥄 **양념장** 찹쌀풀(1컵) + 액젓($\frac{1}{2}$컵) + 매실청($\frac{1}{2}$컵) + 새우젓(4) + 고추씨(3) + 다진 마늘(2) + 생강즙(2)

🥄 **김칫국물** 다시마물(1.5ℓ) + 찹쌀풀(5) + 간 배(5) + 양파청(5) + 액젓(2) + 소금(0.5)

만들어보세요.

적배추는 절여 깨끗이 씻어 물기를 빼고,

무, 배, 홍고추, 대파는 가늘게 채 썰고, 대추는 돌려 깎은 뒤 얇게 채 썰고,

양념장을 만들고,

양념장에 채 썬 재료를 모두 넣고 고루 섞 어 소를 만들고,

적배춧잎 사이사이에 소를 넣고,

김칫국물을 만들고,

통에 김치를 담고 김칫국물을 부어 마무리.

요리 tip ① 배추김치 절이는 법과 동일해요.
② 상온에 하루 둔 뒤 냉장고에 넣어 기호에 따라 숙성하여 드세요.

무 장아찌

만드는 시간과 노력은 제법 들지만 한번 만들어 두면
오래 먹을 수 있는 밑반찬 무장아찌에요 입맛 없을 때
함께 먹으면 좋아요.

🥄 **필수재료** 무(3kg), 마늘(200g)

🥄 **간장물** 다시마물(2컵) + 맛간장(1컵) + 도라지청(1컵) + 현미 식초(1컵) + 국간장($\frac{1}{2}$컵) + 매실청($\frac{1}{2}$컵) + 고추씨($\frac{1}{4}$컵) + 생강청(1)

만들어보세요.

무는 먹기 좋은 크기로 썰고, 마늘은 납작 썰고

간장물을 만들고,

밀폐용기에 무와 마늘을 담고 간장물을 부은 후 물주머니를 올려 상온 보관하고,

다음 날 간장물만 걸러 끓여 식히고,

2~3번 정도 반복하면 오래 두고 먹을 수 있어요.

식힌 간장물을 다시 부어 마무리.

요리 tip ① 여름 무는 절여서 만들어요.
② 겨울 무는 간장물을 부어서 하루 두고, 다음날 간장물을 한 번 끓여 식혀서 다시 부으세요.

모둠 피클

간단하게 만들어
각종 요리에 곁들일 수 있는
모둠 피클이에요. 느끼한
음식이나 입안을 달랠 무언가를
찾을 때 이만한 게 없죠.

- 🥄 **필수재료** 무(500g), 양파(500g), 셀러리(300g), 백오이(1개), 마늘종(150g), 청양고추(5개)
- 🥄 **간장물** 다시마물(2컵) + 맛간장(1.5컵) + 현미 식초(1.5컵) + 설탕(1컵) + 국간장($\frac{1}{3}$컵)

무와 양파는 먹기 좋은 크기로 썰고,

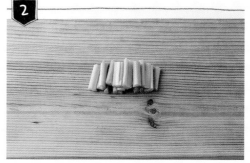

셀러리는 겉껍질을 벗겨 5㎝ 길이로 썰고,

오이는 모양대로 약 1㎝ 두께로 썰고,

마늘종은 5㎝ 길이로 썰고,

청양고추는 꼭지를 잘라 깨끗이 씻어 준비하고,

간장물을 만들어 준비된 재료에 붓고, 밀폐용기에 담아 마무리

요리 tip 오래 두고 먹을 경우 간장물을 한 번 끓인 후 식혀 부어주면 좋아요.

양배추김치

독일에는 사우어크라우트가 있다면 한국식 양배추김치를
만들어 보세요 양배추와 쪽파를 한입 크기로 썰고 양념장에
살살 버무리면 완성이에요. 겉절이 형태로 먹어도 좋아요.

🥄 <u>필수재료</u> 양배추(심지 자른 것 1kg), 쪽파(100g)

🥄 <u>양념장</u> 황태육수($\frac{1}{2}$컵) + 고춧가루($\frac{1}{2}$컵) + 액젓(5) + 사과청(3) + 다진 마늘(2) + 쌀엿(1) + 참치액젓(1) + 생강즙(0.5) + 소금(0.5)

- 만들어보세요.

> 살짝 절여 물기를 뺀 뒤
> 김치를 담아도 좋아요.

양배추는 한 장씩 떼어 깨끗이 씻은 뒤 먹기 좋은
크기로 자르고,

쪽파는 깨끗이 씻어 3㎝ 길이로 썰고,

양념장을 만들고,

양념장에 양배추와 쪽파를 넣고 살살 버무려
밀폐용기에 담아 마무리.

요리 tip 양배추김치는 바로 먹어도 좋고, 오이를 곁들여 담아도 좋아요.

겉절이

아삭아삭하고 달콤한 알배추를 소금물에 절여 양념하면
훌륭한 알배추 겉절이 완성이에요. 신선한 알배추만 잘 골
라도 반 이상은 성공이랍니다.

- 🥄 **필수재료** 알배추(500g)

- 🥄 **소금물** 물(3컵), 소금($\frac{1}{4}$컵)

- 🥄 **양념장** 김치용 고춧가루(2) + 고운 고춧가루 (2) + 다시마물(2) + 찹쌀풀(2) + 멸치액젓(2) + 사과청(2) +
  간 배(1) + 간 양파(2) + 쌀엿(1) + 다진 마늘(1) + 새우젓(0.5) + 생강즙(0.5)

만들어보세요

> 알배추가 없을 경우
> 통배추를 이용해도 좋아요.

1 알배추는 소금물에 절인 뒤 깨끗이 씻어 물기를
꼭 짜고,

2 절인 알배추는 먹기 좋은 크기로 썰고,

3 양념장을 만들고,

4 양념장에 알배추 절임을 넣어 버무린 후
밀폐용기에 담아 마무리.

요리 tip 기호에 따라 새우젓을 넣어도 좋아요.

오이소박이

오이소박이 한 번 안 먹고 여름을 보내면 무언가 꼭 해야
할 일을 빠뜨린 것만 같다고 할까요. 오이소박이만큼 간단
하면서도 제맛을 내는 밑반찬도 잘 없죠.

216

- 🥄 **필수재료** 백오이(4개), 부추(100g), 무(50g)
- 🥄 **소금물** 물(500ml), 소금($\frac{1}{2}$컵)
- 🥄 **양념장** 고춧가루($\frac{1}{3}$컵) + 황태육수(5) + 액젓(3) + 새우젓(3) + 설탕(2) + 매실청(1) + 다진 마늘(1) + 생강즙(0.3)

만들어보세요

깨끗이 썻은 오이는 4 등분하고,

소금물을 끓이고 오이를 넣어 1~2분 정도 둔 뒤
찬물에 2~3번 헹궈 식히고,

오이는 끝 1cm를 남겨 십자 모양으로 칼집을 내고,

살살 버무려 20분 정도
두면 재료가 부드러워저요.

부추는 3cm 길이로 썰고, 무는 가늘게 채 썰고,

양념장을 만들고,

양념장에 부추와 무를 넣어 소를 만들고, 칼집을 낸
오이에 소를 끼워 넣어 밀폐 용기에 차곡차곡 담아 마무리.

요리 tip 오이소박이는 상온에서 하루 둔 후 냉장고에 넣어 기호에 따라 숙성하면 더욱 맛있어요.

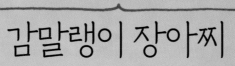

감말랭이 장아찌

달달한 감말랭이를 장아찌로 한다니 좀 생소하죠. 감 김치
에서 착안하여 만들었는데 달콤하고 매운맛이 동시에 느
껴져 더욱 맛있어요.

- 필수재료 감말랭이(1kg), 대추(10알), 잣(3)
- 양념장 고추장($\frac{1}{2}$컵) + 다시마물(3) + 맛간장(3) + 올리고당(2) + 양파청(2) + 마늘즙(1)

만들어보세요.

감말랭이는 깨끗이 닦고

양념장을 만들어 한 번 끓여 식히고,

대추는 씨를 뺀 후 4등분으로 자르고,

양념장에 감말랭이와 대추, 잣을 넣어
잘 버무려 마무리.

황태식해

예로부터 황태는 우리 식탁에 다양한 소재로 빠지지 않는 식재료였죠. 황태로 식해도 만들어 보세요. 별미 반찬이랍니다.

- 🏺 **필수재료** 황태채(200g), 무(1.5kg), 찰기장(300g), 대파(200g)
- 🏺 **무절임재료** 설탕(2컵), 소금(3)
- 🏺 **양념장** 물엿(1.5컵) + 고운 고춧가루(1컵) + 액젓($\frac{1}{2}$컵) + 다진 마늘(5) + 사과청(3) + 엿기름가루(5) + 생강즙(3) + 다시마청(2) + 소금(3)

황태채는 흐르는 물에 씻어 물기를 꽉 짠 후 먹기 좋은 크기로 자르고,

무는 나박 썰어 무절임재료에 3~4시간 정도 절인 후 물기를 꽉 짜고,

찰기장은 깨끗이 씻어 고슬고슬하게 밥을 지어 식히고,

대파는 어슷 썰고,

양념장을 만들어 한번 끓여 식히고,

양념장에 황태채와 무를 넣어 잘 섞고,

찰기장밥과 어슷 썬 대파를 넣어 잘 버무려 밀폐용기에 담아 마무리.

요리 tip 상온에서 5일 정도 삭혔다가 냉장고에 보관하여 2주일 후부터 먹어요.

가자미식해

가자미식해는 손님상에 올리기에 손색이 없죠. 그럴듯한
자태에 실망하게 하지 않는 맛까지 제 역할 톡톡히 하는
밑반찬이랍니다.

222

- 🥄 **필수재료** 가자미(작은 크기 6~7마리=약 600g), 무(1.5kg), 찰기장(300g), 대파(200g)
- 🥄 **가자미 소금물** 물(2컵), 소금(5)
- 🥄 **무절임 재료** 설탕(2컵), 소금(3)
- 🥄 **양념장** 고운 고춧가루(1컵) + 엿기름가루(5) + 소금(4) + 액젓($\frac{1}{2}$컵) + 생강즙(3) + 양파청(3) + 물엿(1.5컵) + 간 배(3) + 다진 마늘(5)

만들어보세요.

1

가자미는 내장을 깨끗이 씻은 뒤 먹기 좋은
크기로 어슷 썰어 가자미 소금물에
3시간 정도 둔 뒤 물기를 빼고,

2

앞뒤로 말려주세요.

절인 가자미를 소쿠리에 담아 하루 정도
꾸덕꾸덕하게 말리고,

3

무는 수분 함량이
계절마다 다르므로 물기가
없도록 꼭 짜주세요.

무는 나박 썰어 무절임 재료에
3~4시간 절인 뒤 물기를 꼭 짜고,

4

찰기장은 깨끗이 씻은 후 고슬고슬하게
밥을 지어 식히고,

5

대파는 얇게 어슷 썰고,

6

양념장을 만들고,

7

양념장에 무와 가자미를 넣어 버무리고,

8

찰기장밥과 어슷 썬 대파를 넣어 버무려 마무리.

청양고추 장아찌

매콤한 맛이 일품인 청양고추 장아찌에요. 느끼한 음식 먹을 때 곁들이면 참 좋아요.

🍶 필수재료 청양고추(1kg)

🍶 간장물 생수(1ℓ) + 맛간장(1컵) + 국간장(1컵) + 현미 식초(1컵) + 다시마청($\frac{1}{2}$컵) + 황설탕($\frac{1}{2}$컵) + 소주($\frac{1}{4}$컵) + 생강청(1) + 소금(1) + 통마늘(100g) + 건고추(10개)

만들어보세요.

청양고추는 꼭지 끝부분을 약 0.5cm 정도 자른 뒤
깨끗이 씻어 물기를 빼고,

간장물을 만들고,

밀폐용기에 청양고추를 담고 간장물을 붓고,

간장물을 부은 청양고추 위에 물주머니를 올려
상온에서 하루 두고,

간장물을 2~3번 끓여
식혀서 부어주세요.

다음 날 간장물만 따라내 끓여 식힌 뒤 다시 부어
마무리.

요리 tip 청양고추에 물기가 있으면 골마지가 생기므로 간장
물을 꼭 끓여주세요.

-index-

Home

Gallery

Information